Allegria

Die Autorin

Nicole Schöfmann ist seit 1996 hauptberuflich als Tierkommunikatorin, Heilerin, Meditationslehrerin, Medium und Seminarleiterin tätig. In dieser Zeit war es ihr möglich, vielen Tieren und Menschen auf deren Weg zu helfen. Die Gabe, mit Tieren zu sprechen, hat sie von Kindheit an. Es war ihr schon als kleines Mädchen möglich, die Aura der Wesen in ihrer Umgebung zu sehen, Geschehnisse vorherzusagen und mit ihren Freunden, den Tieren, zu kommunizieren. Durch die Gespräche mit ihren tierischen Freunden wurde ihr immer auch der feinstoffliche/energetische und körperliche Zustand eines Tieres bewusst. Die Ursachen von Krankheiten, Verhaltensproblemen und Schockzuständen im Einklang mit der Seele des Tieres zu behandeln, begann ein weiterer Teil ihrer Arbeit zu werden.

Weitere Informationen zur Autorin unter:
www.sunriseschule.de

Von der Autorin sind in unserem Hause erschienen:

Hundeflüstern
Katzenflüstern
Die 7 Spirituellen Gesetze der Lichtarbeit
Das Geheimnis von Licht und Schatten

Katzenflüstern (CD)
Hundeflüstern (CD)

Nicole Schöfmann

Hunde flüstern

Tierkommunikation und natürliche Heilung für Ihren Hund

Ullstein

Besuchen Sie uns im Internet:
www.ullstein-taschenbuch.de

Allegria im Ullstein Taschenbuch
Herausgegeben von Michael Görden

Ullstein Taschenbuch ist ein Verlag der
Ullstein Buchverlage GmbH, Berlin.
Neuausgabe im Ullstein Taschenbuch
1. Auflage Juni 2011
© 2007 by Ullstein Buchverlage GmbH, Berlin
Umschlaggestaltung: FranklDesign, München
Fotos innen und Umschlag: Marion Losse, Hamburg
Mit Dank an das wunderschöne Hundemodell »Shira«
Innenillustrationen: Katharina Müller, Hamburg
Satz: Keller & Keller GbR
Gesetzt aus der Baskerville
Papier: Pamo Super von
Arctic Paper Mochenwangen GmbH
Druck und Bindearbeiten:
GGP Media GmbH, Pößneck
Printed in Germany
ISBN 978-3-548-74524-4

Für das Licht und die Gnade, die mir zuteil wurden.

Für Cairo und Mercucio, die immer sein werden.
Für Alexander, der aus Liebe ist.
Für Rabbi, ich weiß, dass er da ist.

Inhalt

Bitte beachten Sie:

Die in diesem Buch gegebenen Hinweise und Ratschläge zur Behandlung von Hundekrankheiten ersetzen nicht den Tierarzt. Wenn Ihr Hund ernsthafte Krankheitssymptome zeigt, sollten Sie in jedem Fall einen Tierarzt konsultieren.

Vorwort

Mein zweites Buch über Tierkommunikation und -heilung ist unseren wunderbar vollkommenen Freunden, den Hunden, gewidmet. Es ist kaum mit Worten zu beschreiben, was uns diese Wesen jeden Tag geben. Welchen Namen hat bedingungslose Liebe? Unter den Tieren trägt sie den Namen Hund. Hunde lieben, trösten und behüten uns. Wenn Sie erfahren möchten, was sich hinter den großen Hundeaugen verbirgt, dann möchte ich Sie gerne auf eine Reise mitnehmen – in die Welt der Tierkommunikation. Eine Welt, die getragen wird von Achtsamkeit, Respekt und Liebe für die Schöpfung und jeden, der bereit ist neue Wege für sich und das Leben mit seinen vierbeinigen Freunden zu beschreiten.

In einer Welt, in der wir gelernt haben, unsere Gefühle zu ignorieren, in der Leidenschaft und Bedingungslosigkeit ihre Bedeutung verloren haben, können Tiere uns den wahren Sinn des Lebens näherbringen. Lassen Sie sich von Ihrem Hund führen, vertrauen Sie dem Licht, das sie zueinander geführt hat. Lernen Sie mit Ihrem Hund zu kommunizieren und die Tierkommunikation als einen Weg der eigenen Ganzwerdung und Heilung zu verstehen.

Die positive Resonanz auf mein erstes Buch *Katzenflüstern* hat mich dazu inspiriert, das Buch zu schreiben, das Sie nun in Händen halten. Ich möchte mich an dieser Stelle herzlich für all die Feedbacks, E-Mails und Briefe zu meinem Buch *Katzenflüstern* bedanken. Seitdem es erschienen ist, habe ich viele neue vierbeinige Freunde gewonnen, denen ich helfen durfte. Die einen haben ihren

Weg zurück nach Hause gefunden, andere konnte ich heilen und für viele Katzen war *Katzenflüstern* der Start in ein neues Leben mit ihren Familien. Am meisten hat es mich berührt, wenn Menschen, die ihr Leben bisher aus einem eher rationalen Winkel sahen, durch mein Buch einen anderen Bezug zu ihrer Katze bekamen.

Ich empfinde es als meine Aufgabe, Tieren eine Stimme zu verleihen, und es freut mich ungemein, dass es offenbar möglich ist, über ein Buch Tieren im Alltag wirklich zu helfen. Mit *Katzenflüstern* ist es mir gelungen, den Lesern das Wesen ihrer Katze zu vermitteln. Lernt man das Wesen seines Tieres kennen, gewinnt man Achtung und Respekt und lernt die Bedürfnisse des Tieres im täglichen Zusammenleben besser zu erspüren.

Ich bin durch meine Leser wunderbaren Katzen begegnet, die mich bei jedem Gespräch aufs Neue fasziniert haben. Einige Gespräche waren so berührend, dass ich sie hier mit Ihnen teilen möchte:

Nenne, eine Katzendame, erzählte:
»Endlich haben meine Menschen begriffen, was mir der tägliche Gang nach draußen bedeutet, wie wichtig es ist, ein Revier zu haben und sich auch mit anderen Katzen auseinanderzusetzen. Du hast ihnen gesagt, dass sie keine Angst um mich haben müssen, und das ist wunderbar, sie vertrauen mir nun.«

Jonas, ein Hauskater, berichtete:
»Du hast ihnen gesagt, wie wichtig das Jagen für mich ist, und dafür bin ich dir sehr dankbar. Meine Familie und ich haben eine Vereinbarung getroffen: Ich jage, bringe meine Beute aber nicht mit nach Hause, weil sie das so glücklicher macht. Ich verstehe das zwar nicht, halte mich aber

daran, weil ich froh bin, dass sie mein Bedürfnis zu jagen nun nicht mehr zu unterdrücken versuchen.«

Siena, eine entlaufene Glückskatze, teilte mir mit:
»Es war sehr kalt und ich habe meinen Weg nach Hause nicht mehr gefunden, ich wusste einfach nicht, wo ich war. Meine Menschen haben jemanden gerufen, der meine Sprache versteht: dich. Ich habe dir Bilder in Gedanken gesendet, so konnten sie mich finden. Ich war schon sehr schwach, es war in letzter Sekunde.«

Leser haben in meinem Büro angerufen und mir erzählt:
Sie seien gerade beim Lesen und sie würde eine tiefe innere Wärme durchströmen. Viele Leser bedankten sich bei mir und meinten, dass *Katzenflüstern* ihnen die Augen geöffnet hätte.

Ich freue mich sehr über jeden Anruf, dennoch, danken Sie nicht mir, danken Sie Ihrer Katze. Eine Leserin fragte mich in einer E-Mail, was denn das Thema Tierkommunikation mit Gott und irgendwelchen Engeln zu tun hätte. Da es mir sehr wichtig ist, diesen Zusammenhang klarzustellen, möchte ich hier noch einmal darauf eingehen. Das Licht, Gott oder »Der Eine« ist in allem. Wenn Sprechen, Riechen oder Schmecken eine »normale« Gabe ist, dann ist der Kontakt zu einer Tierseele eine höhere Fähigkeit, eine Gabe, die durch das Erkennen des eigenen Lichts, der eigenen positiven Fähigkeiten und des göttlichen Ursprungs entsteht und wächst. Es ist etwas unmissverständlich Göttliches, das uns die Fauna und Flora und auch die Engelwelten verstehen lässt. Die Frage nach Gott und dem eigenen Licht ist schwierig und vermutlich nie schwerer als in der heutigen Zeit zu beantworten. Ängste und ständige weltpolitische Veränderungen verweisen den Menschen in seine Schranken. Das Göttliche jedoch lacht uns durch die Augen eines Tieres an und erinnert uns daran, wer wir wirklich sind, und an das Göttliche in uns und um uns herum.

Haben Sie keine Angst vor der Frage nach Gott und Ihrem Licht. Es ist unendlich wichtig, zu erkennen, was wirklich wertvoll ist: das Leben, das in Ihrem und in dem Herz Ihres Tieres pulsiert. Beide Herzen erkennen einander, um in ihrer gegenseitigen Liebe zu wachsen. So wird es Ihnen möglich, sich selbst zu erkennen und Ihr persönliches Licht zu finden, Ihren Gott und Ihren Ursprung.

Einleitung –
Mein Weg zur Tierkommunikation

Viele Menschen tragen eine tiefe innere Gewissheit in sich, dass ihr Hund sprechen kann. Dieses Gefühl, das im Herzen eines Tierbesitzers wie ein kleiner Schatz gehütet wird, führt sein Bewusstsein in die Tierkommunikation. Mit der Hoffung, dieses Gefühl, diese Liebe, die Sie für Ihr Tier empfinden, zu berühren, habe ich dieses Buch geschrieben.

Seit vielen Jahren unterrichte ich in Europa und Amerika Tierkommunikation und neue alternative Wege der Heilung und der spirituellen Entwicklung. Die Wünsche der Menschen in Bezug auf die Tierkommunikation sind überall gleich. Man möchte sein Tier verstehen und ihm und anderen Tieren über das Dolmetschen der Tiergedanken helfen. Viele Tierfreunde sind von Kindheit an mit der Gabe gesegnet, selbst mit Tieren sprechen zu können, sie verlieren diese Fähigkeit aber häufig im Laufe ihres Heranwachsens, aufgrund ihrer Erziehung und Sozialisierung.

Ich war eines jener Kinder, die ihre Gabe, mit Tieren zu sprechen, Engel zu sehen oder Ereignisse vorherzusehen, nie verloren haben. Das erste Tier, mit dem ich in meinem Leben Kontakt hatte, waren mein Kanarienvogel Max. Ich verstand seine Gefühle und spürte seine Bedürfnisse, obwohl ich selbst noch in einem Kinderbett lag und mich wenig der Umwelt mitteilen konnte. Ich konnte seine Bilder empfangen, auch wenn ich mich während der Ferien am anderen Ende der Welt befand. Mit Max führte ich meine ersten Gespräche. Wir tauschten Befindlichkeiten aus und ich empfing von ihm exakte Bilder davon, was er wie und wo gerade machte.

Als Max mich im Alter von 14 Jahren verließ, war ich darauf vorbereitet. Ich hatte Bilder von ihm empfangen, die mir zeigten, dass er müde war und seinen Körper verlassen wollte. Als er sein Leben schließlich in meiner Hand aushauchte, empfand ich Freude und Trauer zugleich. Trauer, weil er den so geliebten kleinen Körper verließ, Freude, da ich spürte, dass er endlich das Gefühl erlangt hatte, wirklich frei zu sein.

Während meines Heranwachsens erlebte ich viele außergewöhnliche Situationen mit Tieren. Ich konnte Katzen mit einer inneren Bitte von gefährlich hohen Baumkronen herunterlocken. Ich spürte auch, wie Küken, die aus dem Nest gefallen waren, nach ihrer Vogelmutter riefen. Mir fiel es leicht, ein solches Nest zu lokalisieren, und ich brachte nette Erwachsene mit kindlicher Überredungskunst dazu, diese Jungtiere wieder in ihr Nest zurückzubringen.

Als stilles und genügsames Kind bereitete es mir Freude, mich mit Tieren zu befassen. Nachdem ich in einen streng katholischen Kindergarten kam, wurde ich gezwungen, viele meiner Tierfreunde zu vergessen. Tiere, so wurde mir beigebracht, seien ohne Verstand und somit ohne Seele. Das Essen bestand oft aus Fleischgerichten, die ich als Kind verschmähte. Ich ging daher oft ohne Mittagessen aus. Meinen Freunden, den Tieren zuliebe wollte ich kein Fleisch essen.

Nach monatelanger Belagerung meiner Eltern durfte ich mir meine erste große Hundeliebe, einen schwarzen Dackel-Spitzmischling, auswählen, den ich Cairo taufte. Er war der einzige Welpe in einem großen, munteren Wurf, der nicht auf mich zulief. Cairo war eine Seele von Hund und hatte ein tiefes Verständnis für mich. Er war das großzügigste Wesen, das ich bis zu diesem Zeitpunkt kennen gelernt hatte. Er war immer liebevoll und gerecht. Nicht ein einziges Mal schnappte oder knurrte er.

Cairo sprach regelmäßig zu mir. Wenn ich in der Schule war, empfing ich Bilder, die er mir sandte, von weiten grünen Wiesen und das Bild, wie er mich freudig zum Hause erwartete.

Eines Tages spürte ich, dass er sich während eines Spazierganges mit meiner Mutter losgerissen hatte, und empfing das Bild, wie er vor meinem Schulgebäude stand. Ich verließ das Klassenzimmer, ging hinunter und da stand er vor der Tür, die Ohren angelegt, mit einem breiten Grinsen in den Lefzen. Er sagte mir, dass er es nicht erwarten konnte, mich zu sehen.

Zu meiner wahren Berufung, der Tierkommunikation und -heilung, hat mich nicht ein Hund oder eine Katze, sondern ein viel kleineres, unscheinbareres Tier geführt. Mein 16. bis 18. Lebensjahr verbrachte ich in Paris und arbeitete dort als Fotomodell. Dort lernte ich die Bedeutung des Wortes Oberflächlichkeit kennen. Ich lernte »Stars« wie Prince, Bon Jovi und David Copperfield kennen, doch eigentlich machte ich nur meinen Job, um schnell wieder nach Hause zu meinem kleinen Schatz, meinem Meerschwein Winnie, zu kommen.

Winnie war ein »Geschenk« von meinem damaligen Lebensgefährten. Winnie, den wir zufällig bei einem Spaziergang am Pont Marie, an der Seine in Paris, entdeckten, öffnete mein Herz erneut für die Welt der Tiere. In einem viel zu kleinen Glaskasten, in dem er sich kaum bewegen konnte, von seinem Urin befleckt in schmutzigem Einstreu sitzend, harrte er der Dinge, die da kamen. »Er ist seit fünf Monaten hier«, so der Verkäufer, »und eigentlich zu alt für den Verkauf.« Ich verliebte mich auf der Stelle in dieses kleine Wesen. So verloren, wie ich in dieser großen Stadt war, so musste er sich in dem lauten Geschäft mit all den Neonröhren fühlen. Wir passten zusammen.

Mein Freund und ich fuhren normalerweise nie in diesen Teil der Stadt. Irgendetwas zog mich aber an jenem Nachmittag an diese Seite des Flusses, den ich sonst wegen der Touristen mied. Durch Winnie fand ich wieder Zugang zu meiner Begabung und Fähigkeit, mit Tieren zu sprechen. Er eroberte unsere Herzen und die große Wohnung im Sturm. Ich brauchte nur an ihn zu denken, und schon kam er quiekend angelaufen. Er nutzte seinen Käfig nur als Toilette und Futterplatz. Jedes Mal, wenn ich wegen eines Jobs verreisen musste, erklärte ich ihm genau, wo ich war und wann ich wiederkommen würde. Blieb ich länger als abgesprochen, so erzählte mein Freund, dass Winnie die Wohnung nach mir absuchte. Winnie flog oft mit mir in seiner Transportbox und bekam für den Flug Bachblüten-Notfalltropfen, die er offensichtlich sehr gerne schluckte.

Im Laufe seines achtjährigen Lebens war Winnie oft krank. Allergien, Harnsteine und Erkältungen waren die häufigsten Erkrankungen. Ich nahm seine Aura wahr und die Veränderungen in seinem Energiefeld. Diese standen im direkten Zusammenhang mit seinen Krankheitsphasen. Die Farbe Rot sah ich bei Entzündungen, die Farben Gold und Weiß beim Abklingen der Infektion. Damals hatte ich noch keine eindeutige Erklärung für das, was ich sah. Ich machte mich auf die Suche nach Erklärungen. Bei diesen Recherchen stieß ich auf verschiedene Bücher und Informationen aus der Esoterikszene.

In Europa glaubte man lange Zeit, dass die amerikanischen Tierkommunikatorinnen Penelope Smith und Amelia Kinkade die Tierkommunikation entdeckt hätten.

Diese Meinung wurde dadurch gebildet, dass die Bücher der beiden am einfachsten zu bekommen waren und die ersten Bücher zu diesem Thema waren, die ins Deutsche übersetzt wurden. Bereits 1919 schrieb der amerikanische Autor William Long ein Buch mit dem Titel »How Animals Talk«, eines der ersten Bücher zu diesem Thema, das im Verlag Harper & Brothers publiziert wurde.

Die Kommunikation mit Tieren ist so alt wie die Menschheit selbst. Seit sich Tiere und Menschen einen Lebensraum teilen mussten, gab es »Tierflüsterer«. Tierkommunikation geschah nicht aus einem Gefühl der Bedürftigkeit heraus, sondern aus einem Empfinden der Einheit zwischen Mensch und Natur. Alles war mit allem verbunden und stand deshalb auch auf mehreren geistigen Ebenen miteinander in Kontakt.

Durch jahrelanges Training und der Mitarbeit bei verschiedenen Meistern habe ich meine eigenen Methoden und Lehrtechniken entwickelt. Diese beruhen auf einer energetischen, telepathischen und hellsichtigen Arbeitsweise und können Schritt für Schritt von jedem Menschen erlernt werden.

Damals, in Paris begann ich aus der Sorge um mein Tier in englischsprachigen Buchläden zu recherchieren und mich dann bei den Verlagen nach den Autoren zu erkundigen. Ich besuchte Seminare und Workshops von Esoterikgrößen wie Deepak Chopra, Chris Griscom oder Louise L. Hay. Alles, was ich lernte, wollte ich bei Winnie anwenden. Ich bekam Reiki-Einweihungen und besuchte Homöopathie-Fortbildungen.

Mit Reiki lernte ich das Energiefeld meines Meer-schweinchens zu stabilisieren und mit Hilfe homöopathi-scher Mittel konnte ich verschiedene Stadien von Krank-heiten behandeln. Das alles geschah zu einer Zeit, in der man Tiere wie Meerscheinchen noch nicht einmal von Tierärzten richtig behandeln lassen konnte. Zumindest nicht in Frankreich.

Ich erkannte schnell, dass die spirituelle Szene nicht wusste, wie sie mit Tieren umgehen sollte. Damals bin ich zwischen England, Frankreich, Amerika und Italien um-hergereist. In jeder Stadt suchte ich nach weiteren Infor-mationen zur Behandlung meines Tieres. Niemand hatte die Energiesysteme von Tieren analysiert und deren Ver-bindungen zu Krankheiten hergestellt. Ich musste diesen Weg alleine bestreiten.

Winnie lehrte mich Geduld und Hingabe. Ich begann, mich mit Energien (Schwingungen) zu beschäftigen und Zusammenhänge zwischen Raumenergien, den Energien in Tiernahrung und meinen eigenen Energien herzustel-len. Winnie konnte, wie auch die meisten Tiere, die Ursa-che seiner Erkrankungen nicht vermitteln. Sein Energie-feld veränderte sich mit der Art der Behandlung. Die Farben seiner Aura wechselten und nahmen an Dichte, Intensität oder Weite zu bzw. ab. Je genauer ich ihn be-handelte, desto stärker war die Heilwirkung.

Ich sammelte so viele Informationen, wie ich konnte, legte Behandlungsprotokolle an und verfolgte jede Phase von Winnies Heilung. Meine Arbeit als Fotomodell war längst nicht mehr wichtig für mich, sie finanzierte nur meine persönliche Fortbildung. Inzwischen behandelte ich auch Tauben, Hunde und Katzen aus der Nachbar-schaft. Die Informationen, die ein Tier mir in Bildern über seinen Gesundheitszustand geben konnte, halfen sehr bei der Behandlung.

Ich veränderte mich ebenfalls. Ruhe und Gelassenheit traten in mein Leben ein. Ich wurde zufrieden und dankbar und viele Freunde baten mich bei ihren Problemen um Rat. Winnie hatte mich durch seine Liebe zu meiner Lebensaufgabe geführt.

Bei meiner Rückkehr nach Deutschland war die spirituelle Arbeit mit Tieren bereits ein fester Bestandteil meines Alltags geworden. Neben Meditationen gehörten Reiki und Lichtarbeit zu meiner täglichen Praxis. Angeregt durch eine befreundete Reiki-Lehrerin organisierte ich Meditationsrunden und Workshops zum Thema Tierkommunikation.

Viele Kursteilnehmer neigten dazu, ihre eigene Persönlichkeit und Vorlieben auf ihre Tiere zu projizieren. Es ist nicht immer leicht, die Menschen von dieser Sichtweise wegzubringen und ihnen zu zeigen, dass die Tiere eigenständige und freie Wesen sind, mit ihrer eigenen Sicht der Dinge. Meinen Job als Fotomodell stellte ich immer weiter zurück, ich wollte mit Tieren und Menschen arbeiten.

Um mein Wissen über Tierkommunikation zu verbreiten, organisierte ich Workshops und Vorträge in Berlin, Hamburg, Köln und anderen deutschen Städten. Ich war immer der Meinung, dass die Energie der Absicht folgt, und meine Absicht war und ist, allen Menschen auf der Suche nach einem Weg zu ihrem Tier zu helfen.

Meine Energie steckte ich in die Organisation meiner Seminare. Im Lauf der Jahre entstanden aus den vielen Lehrgängen und Seminaren, die ich abhielt, ein ganzheitliches Konzept und die Idee zur Gründung einer Schule. Das Konzept besteht darin, interessierten Menschen umfangreiche Informationen über die Tierkommunikation und -heilung verständlich zu vermitteln. Nach dem Besuch der Lehrgänge und entsprechenden Übungen sind die meisten Menschen in der Lage, ein verantwortungsvolles Arbeiten als Tierkommunikator, Tierlichtheiler oder Tiertherapeut auszuüben.

Heute unterrichte ich zusammen mit von mir ausgebildeten Lehrer/innen in Deutschland, Österreich und der Schweiz.

Mein zweites Buch über Tierkommunikation ist meinem geliebten Freund, dem Hund, gewidmet. Seine unendliche Liebe, Treue und Aufmerksamkeit wird sich Ihnen durch die Tierkommunikation neu erschließen. Sie werden lernen, die Gedanken hinter den großen Augen zu lesen, und Ihr Herz wird sich für die Seele Ihres Hundes öffnen. Durch die Informationen in diesem Buch werden Sie in der Lage sein, Ihren Hund viel besser zu verstehen, auf seine Wünsche einzugehen und ihm ein erfülltes Leben an Ihrer Seite zu ermöglichen. Darüber hinaus möchte ich Ihnen alternative Heilmethoden vorstellen, die den Gang zum Tierarzt jedoch nicht ersetzen.

»Lebe gute Gedanken, gute Worte und gute Taten.
Dein Leben wird sich dir eröffnen.«

Zarathustra

1. Wie ein Hund seinen Menschen empfindet

Woraus besteht ein Hundeleben? Aus verführerischen Düften am Straßenrand, aus unbekannten Gerüchen, die einer eifrigen Hundenase im Wald begegnen, wichtigen Aufgaben, wie dem Bewachen des Heims und der Familie und dem Jagen nach einstmals leuchtend gelben Tennisbällen.

Anders als eine Katze definiert sich ein Hund sehr stark über sein Rudel. Dieses Rudel wird in einer Mensch-Tier-Beziehung durch den Menschen ersetzt. Lebt der Hund mit mehreren Artgenossen unter einem Dach, empfindet ein Hund seinen Menschen trotz der anderen Hunde als Rudelführer. Unter den anderen Hunden wird es auch einen »Anführer« geben, jedoch untersteht dieser wiederum dem Menschen.

Ihr Hund definiert sich über Sie, Ihre Zuwendung, Ihre geistige Präsenz und die Streicheleinheiten, die er von seinen Menschen erhält. Anders als eine Katze wächst der Hund mit der inneren Größe seines Menschen. Vertraut der Mensch sich selbst, so hat er auch die Weitsicht und Kraft, seinem Hund zu vertrauen. Dieser wiederum nutzt das Vertrauen als Raum für seine Selbstentfaltung, sein Wachstum. Er erfährt sich als Seele in dieser Inkarnation und kann sich entwickeln.

Jeder Hund ist zu Beginn seines Zusammenlebens mit einem Menschen voller Neugier und Spannung, was mit diesem, seinem Menschen an Entwicklung möglich ist. Hunde haben mir immer wieder erzählt, wie sie auf eine Wiedergeburt in ein Leben mit einem Menschen gewartet haben. Hunde erarbeiten sich verschiedene geistige Ebenen oder Dimensionen. Genau wie ihre Menschen hoffen sie auf einen Punkt der Erkenntnis, eine Erfahrung, mittels der sie ein Stück über sich hinauswachsen können. Eine Katze ist fähig, dies durch ihre eigene Konzentration zu erreichen. Ein Hund spiegelt vielmehr das kosmische Gesetz von Geben und Nehmen, das Spiegelgesetz. Er ist auf Ihre Mitwirkung angewiesen.

Zu Beginn eines Mensch-Hund-Zusammenlebens begibt sich der Hund meist als Welpe in die Obhut eines Menschen. Durch diesen Akt des Vertrauens und der Hingabe seitens des Tieres kann der Mensch sein Herz öffnen und den Welpen in seine Verantwortung nehmen. Der Hundehalter erfährt seine Fähigkeit zu lieben und wird dies als positives Gefühl an seinen Hund weitergeben. Der Hund dankt es ihm durch Loyalität, Aufmerksamkeit und seinem Mitgefühl für den Menschen. Diese Empathie ist es, die ein Leben mit einem vierbeinigen Freund so einzigartig macht. Ihr Hund ist tatsächlich fähig, Ihre Gefühle zu erkennen und zu empfinden.

Ein Hund nimmt seinen Menschen immer in dessen Emotionen wahr. Wo andere Tiere wie Katzen, Pferde und Kaninchen ihren Trieben und Gedanken nachgehen, ist der Hund eng und hingebungsvoll an seinen Menschen gebunden. In meiner Praxis bin ich immer wieder erstaunt, wie unermüdlich ein Hund bereit ist, seinem Menschen zu geben. Es scheint, als werden diese kleinen Herzen niemals müde, ihre Zuversicht und Liebe auszudrücken.

2. Das spirituelle Leben mit Hunden

Die Geschichte des Hundes beginnt, als sich der Fleisch-
fresser ca. 54 bis 38 Millionen Jahre v. Chr. auf der Erde
entwickelte. Ursprünglich waren Hunde frettchenähnliche
Tiere mit Reißzähnen, die auf Bäumen lebten. 38 bis 26
Millionen Jahre v. Chr. entwickelte sich im heutigen Nord-
amerika ein Vierbeiner, der in seiner Statur einem moder-
nen Wolf recht ähnlich sah und sich schnell auf der Erde
verbreitete. Dieser frühe Hund war ein guter Überlebens-
künstler und so gab es 26 bis 7 Millionen Jahre v. Chr. bereits über 42 verschiedene hundeähnliche Tiere auf unserem Planeten. Eines dieser Tiere, der Tomarctus, war bis
auf einen stärkeren Kiefer und ein größeres Gehirn dem
heutigen Hund sehr ähnlich.

Der Hund, wie wir ihn kennen, hat sich schließlich aus dem Canis Lupus Pallipes, aus dem grauen Wolf, heraus entwickelt. Diese Wolfsart ist heute noch im mittleren Osten und in Indien anzutreffen. Es ist ein Fehler, sich diesen Jäger als primitives Raubtier vorzustellen. Wölfe leben ein sehr ausgeprägtes Sozialverhalten. Ein Tier spürt die Bedürfnisse der anderen, häufig kommunizierenden Wölfe als Kollektiv. Aus Erbgutanalysen geht hervor, dass sich der Hund, wie wir ihn kennen, vor rund 135.000 Jahren aus dem Wolf entwickelt hat. Die enge Beziehung zwischen Menschen und ihren treuen Begleitern finden wir später, ab 12.000 Jahren v. Chr. in Höhlenmalereien dargestellt. Die Verbindung zwischen Mensch und Wolf entstand aus dem Zwang, die Jagdbeute teilen zu müssen. Manchmal haben sich die Wölfe von den Resten, die die menschlichen Jäger zurückließen, ernährt und manchmal erbeuteten die Menschen die von Wölfen erlegten Tiere. Knochenfunde an den Lagerstätten der frühen Menschen zeigen die enge Bindung zwischen Mensch und Hund.

In Lappland pflegen Menschen noch heute eine sehr ursprüngliche Beziehung zu Hunden. Die Lappen, als Ureinwohner Nordskandinaviens, haben eine tiefe, innere Verbundenheit zu allen Lebewesen in ihrer Umgebung. Hunde, Rentiere etc. werden nicht als Besitz angesehen, sondern als Mitbewohner. Das bedeutet, dass die Lappen ihren Tieren, also auch Hunden, die Wahl lassen, ob und wie sie mit den Menschen leben möchten. Die Seelen der Wesen respektieren einander und jeder weiß um seinen Platz in der Schöpfung. In dieser göttlichen Symbiose, in der jedes Leben kostbar ist, bringen Jäger und Gejagte einander besonderen Respekt entgegen.

In anderen alten Kulturen, wie in Persien ca. 2000 Jahre v. Chr. lebte man mit Hunden im Alltag und schätzte sie als Wächter der Tempel und Opferstellen. Es handelte sich dabei um frühe Mastiffs, sehr kräftige und starke Tiere mit einer Größe von bis zu 70 cm. Diese Hunde hatten ein sehr hohes Bewusstsein erlangt und bewachten das »Gute«. Ich habe lebensgroße Darstellungen dieser Tiere gesehen und war von ihrer Energie tief beeindruckt. Man glaubte, dass diese Hunde das Dunkel von den heiligen Städten fernhalten konnten. Als Zeichen der Wertschätzung dieser Hunde wurden oft Statuen von ihnen aus purem Gold angefertigt. Als in späterer Zeit der Islam im Nahen Osten zur Hauptreligion wurde, veränderte sich der Stellenwert der Hunde. Der Prophet Mohammed liebte Tiere, im Besonderen Pferde, die er als die schönsten Geschöpfe Gottes bezeichnete. Auch zu Katzen hatte er eine besondere Beziehung. Der Überlieferung nach schnitt er sich einmal den Ärmel eines prächtigen Gewandes ab, das er trug, weil auf diesem eine junge Katze schlief. Er wollte das wundervolle Wesen nicht wecken.

In der römischen Hochkultur, deren Gründung man der Sage nach Romulus und Remus zu verdanken hatte, wurde sowohl der Wolf als auch der Hund geehrt. Beide stellten Stärke, Willen und Fruchtbarkeit dar. Romulus und Remus werden auf antiken Darstellungen von einer Wölfin gesäugt, deren Milch sie stärkt und ihnen das Leben rettet, nachdem sie von ihrer Mutter Rhea auf dem Tiber ausgesetzt wurden.

Die Entwicklung der Hunderassen

Nach der Domestizierung des Hundes folgte die Zucht. Man bevorzugte hierfür starke Tiere, die sich bei der Jagd oder dem Schutz von Haus und Hof bewährt hatten. Das Aussehen der Hunde spielte dabei keine Rolle; Ziel war es, bestimmte Charaktereigenschaften, die den Menschen im täglichen Leben unterstützen konnten, hervorzuheben. Zu den ältesten uns bekannten Rassen zählen Mastiffs, Greyhounds und Schäferhunde.

In späteren Jahrhunderten verlor das »Sprechen« mit dem Hund an Bedeutung, der Mensch hatte gelernt, den Hund zu dressieren. Der Begleiter des Menschen wurde zum Arbeitstier. Hunde wurden nun je nach Aussehen, Charakter und Leistungsfähigkeit unterschiedlich eingesetzt. Große, schwere Hunde jagten Waldtiere; schlanke, schnelle Hunde wurden zum Hüten eingesetzt. Die Hunde behielten im Laufe ihrer Anpassung an den Menschen die Erinnerung an jene Zeit, in der sie gleichwertig nebeneinander in Freiheit lebten. Die Menschen, die in ihrer Entwicklung immer bequemer wurden, verlernten die Kunst, mit den Tieren zu sprechen.

Die meisten Rassehunde wurden gegen Ende des 19. Jahrhunderts gezüchtet. Der Hund hatte nur noch wenige praktische Aufgaben zu erfüllen. Bis heute wurden über 800 Hunderassen gezüchtet, von denen die meisten Rassen keinen praktischen Nutzen erfüllen. Viele Vertreter beliebter Hunderassen, die mir in meiner Praxis begegnen, sind Jagd- und Hütehunde, wie der Labrador oder der Border Collie. Der Mops, wie mein Hundefreund Mercucio, wurde vor über 2000 Jahren aus einem doggenähnlichen Hund herausgezüchtet. Dass diese Rasse ohne besondere Arbeitsleistung überlebt hat, liegt daran, dass sie sich mit ihrem starken Charakter bei Adeligen und in Königshäusern großer Beliebtheit erfreute.

3. Hundesprache

Wie die Menschen gelernt haben, untereinander deutliche Signale von Anziehung oder Ablehnung zu entwickeln, so hat auch der Hund eine große Bandbreite an Kommunikationsmöglichkeiten, die er im Alltag einsetzen kann. Die mentale oder geistige Kommunikation mit dem Menschen mag für uns der aufregendste Weg sein – für unseren Hund stellt sie jedoch nur eine Ergänzung dar. Ich bin immer wieder überrascht, wie wenig sich Hundehalter mit der Körpersprache ihres Vierbeiners auseinandersetzen. Klare Signale werden nicht erkannt und so wird dem Tier auch die Möglichkeit genommen, »loszulassen« und auf anderer Ebene mit Menschen zu kommunizieren.

Was hat Hundeerziehung mit spiritueller Kommunikation zu tun? So, wie sich ein Kind erst dann wohlfühlt und die Welt entspannt zu erforschen beginnt, wenn es sich des Schutzes seiner Eltern bewusst ist, so beginnt auch ein Hund erst dann zu sprechen, wenn ihm alles andere sicher und geregelt erscheint. Entgegen der Überzeugung vieler meiner Kollegen, dass man immer und überall mit seinem Hund sprechen kann, bin ich der Meinung, dass dem nicht so ist. Viele Klienten solcher Tierkommunikatoren werden dies spätestens dann im Alltag bemerken, wenn der Hund auf das Senden eines Gedankens hin eben nicht beim Zebrastreifen wartet. Ihr Hund kann also erst dann Raum für die Kommunikation entfalten, wenn er seinen Platz im Rudel erkennt und sich entspannen kann. Er braucht Sicherheit, um dem höheren Anteil in sich Raum zu geben.

Die Körpersprache eines Hundes wird unter anderem auch stark von der jeweiligen Hunderasse beeinflusst. Es gibt Rassen, die sehr starke Zeichen setzen und sich fast ununterbrochen einbringen und artikulieren, andere bewegen kaum ein Augenlid. Mein Mops Mercucio ist ein gutes Beispiel hierfür. Er kommuniziert ständig über seinen Körper und seine Mimik. Während bei einem Labrador oder einem Schäferhund eine große Vertrautheit mit dem Tier erforderlich ist, um ohne Tierkommunikation herauszufinden, was in seinem Inneren geschieht, zeigt der Mops dies ganz offensichtlich. Er grinst, gibt sich desinteressiert, zeigt Freude. In seinem Gesicht kann man auch als Laie all seine Gefühlsregungen ablesen. Auch andere Rassen, die sehr bewegliche Lefzen oder vergrößerte Augen und einen starken Charakter haben, sind leicht zu lesen. Zugegeben, nicht alle Menschen wollen einen Hund, der über sein Äußeres wie ein Mensch Aufmerksamkeit einfordert. So ein Hund will beachtet sein.

Es gibt offenere und verschlossenere Hundegesichter. Ein Mops hat zweifellos ein offenes Gesicht. Hunde mit offenen Gesichtern (Huskys, Mastinos, Pinscher) kommunizieren oft weniger über die mentale Ebene als über die Gefühle und ihre Körpersprache, was nicht heißen soll, dass sie die geistige Kommunikation mit Menschen nicht beherrschen. Geschlossene Gesichter sind u. a. bei Labradoren, Dobermännern oder Terriern sehr verbreitet. Hunde mit einem eher runden, flachen Gesicht und einem weniger weiten Sichtradius haben oft offenere Gesichter als Hunde, die eine lange Schnauze haben. Sie sehen weiter zu beiden Seiten. Je mehr ein Hund sieht, desto entspannter kann er abwarten, was sich ihm nähert. Hat ein Tier ein etwas eingeschränktes Sichtfeld, nimmt es weniger wahr, muss also viel schneller agieren.

Die Kopfhaltung, der Gang und das Spiel mit der Rute sind wichtige Zeichen der Verständigung. In der Regel verstehen alle Hunderassen untereinander diese Signale, nur der Mensch muss lernen, sie zu deuten. Ein Hund, der menschliches Verhalten nachahmt, indem er Türen öffnet oder Toiletten benutzt, macht im Grunde nichts anderes, als unsere Zeichen zu interpretieren und zu kopieren.

Entwicklungsphasen in der Kommunikation des Hundes

Die Frühphase reicht von der Geburt bis in die etwa zweite Lebenswoche. Der Welpe ist blind und taub, speichert aber jeden Geruch, jede Berührung und jeden Ton in seinem jungen Leben. Äußerlich ist er hilflos, sammelt aber schon fleißig Informationen, an die er sich später mit Vertrauen oder Ablehnung erinnern wird. Schutz erfahren die Kleinen hier primär durch die Mutter, die Einflüsse von außen filtert und ihre Welpen behütet.

Die Übergangsphase erstreckt sich von der zweiten bis ca. zur vierten Lebenswoche. Der Welpe zeigt deutliche Reaktionen auf Geräusche und beginnt sich in kleinen Schritten als eigenständiges Wesen wahrzunehmen. Was er in diesem Lebensabschnitt erfährt und positiv integriert, lässt ihn später eine entspannte, offene Körpersprache einnehmen. Die Übergangsphase ist eine frühe Sozialisierungsphase.

Die Sozialisierungsphase findet von der vierten bis zur ca. zwölften Woche statt. Während dieser acht Wochen durchlebt das Hundebaby die prägendste und wichtigste Zeit seiner Entwicklung. Der Welpe erlernt jetzt mit seinen Wurfgeschwistern grundlegende Verhaltensregeln, z. B. wie stark man zubeißen kann oder wie weit man im Spiel gehen kann, ohne den anderen zu verletzen. Die Körpersprache wird in dieser Zeit stark vom Verhalten der Mutter geprägt. Auch Sinnesreize, wie das Anfassen von Menschen, oder Geräusche, wie Musik, werden bewusst erlebt und mit einer positiven Körpersprache beantwortet. Wird ein Welpe in dieser Zeit von äußeren Einflüssen abgeschirmt, z. B. wenn er ein »krankes Findelkind« ist oder die Geschwister fehlen, hat dies maßgebliche Folgen für seine Entwicklung. Er lernt dann nicht, sich zu vergleichen und sicheres Körperverhalten zu kopieren. Deswegen ist es auch für den Mensch später schwierig, solche Hunde zu verstehen.

In der Regel kommt ein Welpe nach der zwölften Lebenswoche zu seinen Menschen. Bis zu diesem Zeitpunkt sollte er die Hundesprache erlernt haben. Ist dies nicht der Fall, wird er beginnen, die menschlichen Verhaltensweisen zu kopieren. Dadurch, dass der Welpe seine Hundesprache nicht genügend erlernt hat, kann es passieren, dass man als Halter beim Beobachten seines Hundes teilweise von unklarem Hundeverhalten gemischt mit menschlichen Verhaltensweisen irritiert ist. Dies kann zu Missverständnissen führen, die auch die Tierkommunikation erschweren. Bei solchen Hunden empfehle ich, gemeinsam eine liebevolle Hundeschule aufzusuchen. Sie kann dabei behilflich sein, die Primärsprache des Welpen zu klären.

Die besonderen Sinne des Hundes

Woher kommt es, dass ein Hundefreund zielsicher an der Wohnungstür seinen Platz einnimmt, wenn sein Mensch seinen Arbeitsplatz verlässt und sich auf den Nachhauseweg begibt? Was bringt einen Hund dazu, über 10 Jahre am Grab seines Herrchens zu wachen, wie der Scottish Terrier Greyfriars Bobby es Mitte des 19. Jahrhunderts getan hat? Was sieht der Hund meiner Mutter, wenn er nur an den Tagen unruhig wird, an denen ich sie besuche? Er winselt von dem Augenblick meines Eintreffens am Flughafen an, während er selbst zu Hause sitzt.

All diese Wahrnehmungen, Fähigkeiten oder erweiterten Sinne (wie immer wir sie nennen möchten) drücken Hunde über Schwingungen aus. Diese Schwingungen müssen wir zu verstehen lernen, wenn wir mit unseren Freunden, den Hunden, sprechen wollen. Die anderen, normalen Sinne Ihres Hundes werden von diesen erweiterten Sinnen unterstützt. Man nennt sie auch übersinnliche Fähigkeiten.

Das extrem gute Gehör eines Hundes ist ein guter Ausgangspunkt, um sich mit seinen Sinnen zu beschäftigen. Ihr Liebling kann Töne in einer 6/100 Sekunde aus einer sehr viel weiterer Entfernung als der Mensch hören. Im Durchschnitt hört er elfmal besser als Sie. Die Fähigkeit eines Hundes zu hören ist auch stark von der Ohrenform abhängig: Stehen die Ohren eines Tieres aufrecht, so sind sie beweglicher und nehmen mehr Geräusche auf. Hängen sie als Schlappohren oder so genannte Rosenohren (Bulldogge), können sie Töne weniger gut aufnehmen.

Oder kennen Sie einen Fuchs oder Schakal mit Schlappohren? Zum Überleben eignen sich aufrecht stehende
Ohren mit kurzen Haaren am besten.

Die Ohren sind eng mit der Nase des Hundes verbunden. Ihr Vierbeiner hat einen eine Million Mal besseren
Geruchsinn als Sie selbst. Die Feuchtigkeit der Hundenase
dient dazu, Geruchsmoleküle aus der Luft zu filtern und
mit der Riechmembran im Inneren der Nase in Kontakt
zu bringen. Dort werden diese Informationen von Nerven-
impulsen weiter in das Gehirn geleitet, wo sie verarbeitet
werden. Jeder Hund hat ein kleines Organ im Gaumen,
mit dem er Gerüche schmecken kann. Ihm läuft also das
Wasser im Mund zusammen, wenn er ein Leckerchen nur
riecht. Er schmeckt es förmlich. Die Fähigkeit zu riechen
ist abhängig von der Größe der Nase. Große Hundenasen
enthalten mehr Sensorzellen und nehmen mehr wahr als
»Plattnasen«. Ein Schäferhund hat bis zu 220 Millionen
Sensorzellen, ein Mensch hingegen ist nur mit bis zu fünf
Millionen dieser Zellen ausgestattet.

Es gibt Hunderassen, die vollkommen in der Welt der
Gerüche leben, Bassets oder Bluthunde zum Beispiel. Bei
diesen Rassen sind die anderen Sinne bewusst zurückge-
züchtet, um das Tier auf diesen einen Sinn zu konzentrieren.

Das Schmecken dagegen ist bei Hunden sparsam aus-
geprägt. Die meisten Geschmacksknospen sitzen auf dem
vorderen Teil der Zunge. Ein Hund kann etwa ein Viertel
von dem schmecken, zu dem ein Mensch in der Lage ist.
Hunde wählen ihr Futter weniger nach dem Geschmack
als nach dem Gesamtgefühl, das sie nach dem Essen haben. Geht es ihnen gut, assoziieren sie das mit der Nahrung, geht es ihnen vergleichsweise schlecht, versuchen sie
das Gegessene zu meiden.

4. Wer kann die Tierkommunikation erlernen?

Jeder, der seinem Tier offen und mit Liebe begegnet, kann die »Sprache des Herzens« erlernen. Ich habe in den zehn Jahren, in denen ich Menschen in Workshops und Schulungen dazu anleite, mit ihren Tieren zu kommunizieren, noch nie erlebt, dass jemand keinen Zugang zu seinem Tier bekommen hätte. Es gibt natürlich auch in diesem Feld mehr oder weniger begabte Menschen, doch der Mangel an Talent lässt sich sehr gut durch Übung wettmachen.

Ich habe begabte Kommunikatoren erlebt, die wenig geübt und nachgearbeitet haben. Durch die mangelnde Übung waren diese Kommunikatoren dann meinen anderen Schülern, die zwar nicht so talentiert, dafür aber sehr ambitioniert waren, weit unterlegen.

Man sollte sich darüber im Klaren sein, dass die Kommunikation mit Tieren eine Form der Medialität, also auch eine Art der Spiritualität darstellt. Wer die Tierkommunikation erlernen möchte, wird zwar nicht von morgens bis abends meditieren müssen, sollte sich aber mit esoterischen Themen auseinandersetzen.

Somit sind Menschen, die sich schon länger mit Meditation, Reiki, Chakren etc. beschäftigen, mit einem leichteren Start gesegnet. Sie bewegen sich bereits in einem gewohnten Umfeld und der dazugehörigen Denkweise.

Für Menschen, die sich nie oder selten mit Spiritualität beschäftigt haben, wird das Erlernen der Techniken und diese neue Art des Empfindens für ihren Hund eine Herausforderung darstellen.

Einige Fragen, die in diesem Zusammenhang häufig gestellt werden, möchte ich hier beantworten:

Wie lange dauert es, bis ich mit meinem Hund richtig sprechen kann?

Dies kann von einem Tag oder gar nur einer Stunde bis hin zu zwei Jahren dauern, je nach Begabung und Hingabe des zukünftigen Kommunikators.

Es gibt natürlich auch Naturtalente. Vielleicht haben Sie Glück und sind einer jener Menschen, die nur eine einzige Übung brauchen, um mit Tieren in Kontakt treten zu können.

Der Durchschnittsmensch ist nach etwa einem Jahr, in dem er ca. zehn Minuten am Tag übt, ein guter Gesprächspartner für Tiere.

Welche Voraussetzungen brauche ich?

Grundsätzlich kann jeder die Tierkommunikation erlernen, der bereit ist, sich emotional den Tieren zu öffnen. Die einzigen Voraussetzungen sind, dass Sie Tiere lieben und die Schöpfung respektieren.

Sie müssen nicht mit einem eigenen Tier zusammenleben, um das Sprechen mit Tieren zu lernen. Sie müssen kein Vegetarier sein, obwohl dies hilfreich ist, da Fleisch energetisch verschließt und belastet. Manche Tiere, speziell Wiederkäuer und sehr zarte Wesen wie Kaninchen, Huftiere, Delphine fühlen sich manchmal von der Todesschwingung, die in Fleisch enthalten ist, gestört.

Sie sollten sich Zeit nehmen, um die Tierkommunikation zu erlernen, und sich dabei nicht unter Druck setzen, da so meist nur eingebildete Gespräche entstehen, die zu sinnlos sind.

Was muss ich beachten?
Beachten Sie die goldenen Regeln der Tierkommunika-
tion. Die wohl wichtigste Regel lautet, niemals die von
Ihrem Hund (und jedem anderen Lebewesen) gezogenen
Grenzen zu übertreten.

Viele Menschen tendieren dazu, ihre Wünsche oder
Regeln, die das Tier im Alltag nicht respektieren oder befolgen möchte, diesem dann auf der Ebene der Tierkommunikation vermitteln zu wollen. Dies funktioniert natürlich nicht, da wir uns dort auf der Ebene des freien Willens
bewegen. Dort seinen Willen aufzwingen zu wollen, wäre
übergriffig und respektlos.

Man könnte solche Übergriffe auch als telepathische
Manipulation bezeichnen. Aus den vielen Anfragen in
meiner Praxis weiß ich, dass es tatsächlich Menschen gibt,
die ihr Tier auch auf dieser Ebene kontrollieren wollen.

**Welche Hindernisse gibt es auf dem Weg zur
Tierkommunikation?**
Im Laufe meiner Arbeit habe ich die Erfahrung gemacht,
dass Tierhalter sich häufig fragen, ob sie überhaupt mit
Tieren reden dürfen. Diese Ängste und Zweifel sind die
größten Hürden auf dem Weg zu einer klaren Kommunikation mit unseren Tieren.

Vielleicht hat man Ihnen als Kind gesagt, dass Tiere
keine Seele haben, oder dass Menschen, die mit Tieren
sprechen, verrückt sind. Möglicherweise gab es in Ihrer
Kindheit eine alte Nachbarin, die mit ihrem Tier gesprochen hat und Sie haben als Kind nur ihre Einsamkeit gesehen und diese mit der Tierkommunikation in Verbindung gebracht.

In meiner Praxis gibt es Frauen, die sich auf der Suche
nach ihrer Spiritualität gegen ihre Ehepartner durchset-

zen wollen. Besonders schwierig wird es, wenn sich in einer Beziehung ein Partner plötzlich von den »normalen« Verhaltensregeln wegentwickelt und spirituelle Seiten an sich entdeckt. Kurse und Seminare, die der Entwicklung des spirituellen Lebens dienen, werden dann meist heimlich besucht und man wird zu Hause sehr genau darauf achten müssen, wie man mit seinem Partner redet. Nach meiner Erfahrung sind es fast zu neunzig Prozent Frauen, die diesen Weg gehen wollen.

Für mich selbst war der Start in die Tierkommunikation sehr schwierig. In der oberflächlichen Welt der Mode sind Gedanken dieser Art nicht willkommen. Meine ehemaligen Lebenspartner bezeichneten mich als Sektiererin und versuchten mich in vielen Streitereien vom Besuch von Reiki- und Meditationskursen abzuhalten.

Es ist nicht einfach, sich der Welt der Tiere zu öffnen und gleichzeitig in seinem gewohnten Kreis akzeptiert zu werden. Aber es funktioniert. Die Menschen, die Sie lieben und als empfindsame Menschen akzeptieren können, dass Tiere eine Seele haben, werden sich mit Ihnen entwickeln und nicht gegen Sie. Sie werden den tiefen Frieden und die Liebe in sich spüren, die dieser Weg mit sich bringt.

Tiere bringen uns dazu, über uns selbst nachzudenken. Das Erlernen dieser Kommunikationsform wird Sie verändern. Ihr Hund wird Ihnen eine ungeahnte Freiheit und Unabhängigkeit zeigen. Sie begeben sich auf eine Reise zu sich selbst, in der alte Vorurteile, Ängste und Glaubenssätze Heilung und Transformation erfahren werden.

Was erwartet mich?

Machen Sie sich frei von Erwartungen und offen für alles, was geschehen mag. Dies ist die einzig richtige Haltung, um die Sprache der Hunde zu erlernen. Eine entspannte Körperhaltung und eine klare Gedankenwelt sind dafür die optimalen Voraussetzungen.

5. Vorbereitung auf den 8-Wochen-Kurs
Lernen Sie Ihre Kräfte zu entwickeln und zu nutzen

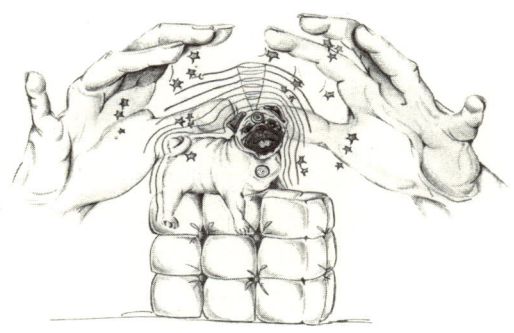

Um mit Tieren kommunizieren zu können, ist es wichtig, sich von gedanklichem Ballast zu befreien und bewusst zu leben.

Die Übungen in diesem Kapitel, die Sie leicht in Ihr Leben integrieren können, werden Ihnen dabei helfen, die Bewusstheit zu entwickeln und die innere Ruhe zu finden, die für die Tierkommunikation erforderlich ist.

 Der Kopf meines Hundes Mercucio taucht von nun an immer dann auf, wenn aktive und besonders wertvolle Übungen beschrieben werden, die die Kommunikation zwischen Hund und Mensch verbessern sollen.

Meditation

Meditieren Sie am besten morgens und abends je zehn Minuten lang. Eine gute Unterstützung hierfür bieten die Meditations-CDs »Hundeflüstern« und »Tierkommunikation« 1 + 2 (siehe Bezugsquellen im Anhang).

Stressvermeidung

Versuchen Sie vor jeder Meditation und auch bei der Arbeit mit Tieren, Ihren Alltagsstress völlig beiseitezuschieben. Hunde verwechseln diesen oft mit Kommandos oder Wünschen, denen sie dann versuchen, gerecht zu werden. Schlechte Laune, die während der Arbeit entsteht und mit nach Hause genommen wird, beeinflusst alle Wesen, die damit in Berührung kommen. Versuchen Sie daher, vor der Kontaktaufnahme all das loszulassen.

»Ein gesunder Geist sei in einem gesunden Körper«

Eine der wichtigsten Voraussetzungen für die Tierkommunikation ist, dass der Mensch, der sich in eine kommunikative Ebene mit seinem Tier begeben möchte, mit sich selbst, mit seinem Geist und seinem Körper, im Reinen ist. Aus dem Mittleren und Fernen Osten kennen wir verschiedene Meister und Mönche, die ihren Körper ertüchtigen, um ein höheres Selbstbewusstsein zu erlangen. Das Essen, welches wir zu uns nehmen, kann uns energetisch auf eine höhere Stufe bringen oder im Gegenteil uns für alle Schwingungen unempfindlich und dumpf machen. Lebensmittel, die den Menschen energetisch unempfindlich machen, sind vor allem Fleisch (egal ob Rind, Fisch oder Huhn), Zucker, ein Großteil der Fette und Stärke. Alkohol gehört natürlich auch dazu.

Um sich auf die Meditationen und die Tierkommunikation vorzubereiten, sollten Sie die erwähnten Lebensmittel mindestens eine Woche vor Beginn der Übungen nicht mehr zu sich nehmen (siehe hierzu Ernährung und Alltagsverhalten).

Die Ebenen der Tierkommunikation

Die Tierkommunikation, wie sie von einem Tierkommunikator oder Tiermedium ausgeführt wird, erfolgt auf drei Ebenen:

* der telepathischen Kommunikation
* des Empfangens von Bildern
* des Fühlens des Körpers

Um Ihre kommunikativen Fähigkeiten zu erweitern, ist es sinnvoll, mit der Sinneswahrnehmung zu beginnen, die Sie am häufigsten gebrauchen und auf die Sie sich am meisten verlassen: das Sehen. Ich werde mit Ihnen den Weg vom normalen Sehen in das andere Sehen, das innere Sehen (oder das Sehen mit dem dritten Auge), gehen.

Paradoxerweise sollten Sie die Augen dafür anfänglich geschlossen halten, um zu lernen, Ihre Aufmerksamkeit mehr nach innen zu richten und für Eindrücke und Bilder auf einer anderen Ebene empfänglich zu werden.

Machen Sie sich bitte bewusst, dass das Sehen, wie wir es kennen, in erster Linie dazu dient, Gefahren besser einschätzen und Erfahrungen schneller einordnen zu können. Dies ist ein ständiger unbewusster Vorgang und die meisten Menschen in meinen Kursen sind sich der Tatsache nicht bewusst, dass sie Informationen nicht nur erfassen, sondern sie gleichzeitig auch bewerten.

Einschätzen, Taxieren und Kategorisieren sind immer Schutzmechanismen, denen eine unbewusste Abwehrhaltung und Angst zu Grunde liegen. Den gewohnten Einschätzungen zu folgen und Menschen oder Ereignisse der Einfachheit halber in gute und schlechte Schubladen zu stecken, kann bei der Tierkommunikation sehr hinderlich sein. Wenn Sie diese Denkstrukturen in sich haben, folgen Sie dem Muster der Ablehnung und einem Tier ist es nahezu unmöglich, die von Ihnen gefasste Meinung zu beeinflussen.

Sie müssen, um mit Ihrem Hund kommunizieren zu können, wertfrei werden und Ihre möglichen Vorurteile und Einschätzungen beiseitestellen. Denken Sie darüber nach, wie Sie andere Menschen beurteilen. In meinen Ausbildungen lege ich sehr viel Wert darauf, die zukünftigen Tierkommunikatoren und -heiler von ihren Vorurteilen und der entsprechenden Resonanz zu befreien. Dies stellt eine der schwierigsten Aufgaben der Ausbildung dar.

Ich beurteile Menschen und deren Tiere nicht, weder nach äußerlichen Faktoren noch nach der Art und Weise, wie jemand sich ausdrückt. Versuchen Sie, mit wirklich offenen Augen zu sehen. In der einschlägigen Esoterikszene, in der ich durch meine anderen Kurse auch präsent bin, gibt es ein faszinierendes Phänomen. In dieser angeblich so offenen und toleranten Bewegung gibt es genauso Style- und Dresscodes wie auf der Führungsebene eines Wirtschaftsunternehmens. Schlabberkleidung in Weiß (in den meisten Kulturen, auf die sich die spirituelle Szene beruft, eigentlich eine Trauerfarbe) und lange blonde Haare gehören zum Geschäft. Die »normale Hausfrau« oder modische Boutiquenbesitzerin findet dort wenig Akzeptanz.

Ihr Hund wird Ihnen das Nichtbewerten danken. Bei einem Fotoreading (der Kontaktaufnahme zu einem Tier via Foto) ist es egal, ob ein Tier traurig aussieht, welches Sofa im Hintergrund zu sehen ist ob das Bild über- oder unterbelichtet ist. Trotzdem bezieht so gut wie jeder meiner Schüler diese Punkte in das Fotoreading mit ein und kann sich von diesen Zusatzeindrücken nur schwer lösen.

Gewöhnen Sie sich bitte auch ab, ein Tier als »arm« anzusehen, wenn es nur drei Beine oder ein Auge zur Verfügung hat. Es ist unser menschlich-optisches Empfinden, aber genau wie ein behindertes Kind nur dann weiß, dass es behindert ist, wenn andere es es spüren lassen, haben auch Tiere keinen Bezug zu optischer Unvollkommenheit. Erst wenn wir sie immer wieder auf ihre Behinderung hinweisen, wird sie für sie zum Problem.

Das Fotoreading

Bei einem Fotoreading handelt es sich um eine Methode, bei der man nicht mit dem Tier direkt, sondern über ein Foto Kontakt zu ihm aufnimmt. Ob dieses Foto alt oder neu ist, ob das Tier direkt in die Kamera blickt oder nur sein Hinterteil zeigt, ist für einen Profi nicht ausschlaggebend. Es ist am einfachsten, zu dem Tier Kontakt aufzunehmen, wenn es sich ohne Menschen auf dem Foto befindet. Der Mensch auf dem Foto beeinflusst mit seiner Aura die des Tieres. Dadurch wird ein Reading ungenau.

Diese für manche Menschen unwahrscheinlich klingende Möglichkeit der Kontaktaufnahme ist aus energetischer Sicht leicht zu erklären: Unter dem »kollektiven Unterbewusstsein« versteht man eine Art Gesamtwissensspeicher der Menschheit. Mit »Channeln« bezeichnet man den Zugang zu diesem kollektiven Wissen der Erde und die Verarbeitung von dort enthaltenen Informationen wie z. B. Bildern, Emotionen und geistigen Informationen. Darüber hinaus werden durch das »Channeln« feinstoffliche Informationen von Engeln, Lichtwesen und aufgestiegenen Meistern kanalisiert (gechannelt).

Das Empfangen von Informationen aus dem kollektiven Unterbewusstsein kann man auch als Hellsehen und Hellhören bezeichnen. Channeln aber bedeutet, feinstoffliche Wesen wie Engel, Meister und geistige Führer in einer Schwingungsform zu empfangen und in unsere Sprache zu übersetzen. Es ist durchaus möglich, auch negative Wesen zu channeln und deshalb ist hier immer Vorsicht geboten. Nur wenige spirituelle Medien sind wirklich rein und klar, deswegen erhalten viele Ratsuchende diffuse und unreine Informationen.

An dieser Stelle möchte ich Ihnen ein kleines Geheimnis verraten. Wenn der zu einem Tier gehörige Halter transparent ist, das heißt, wenn er wirklich möchte, dass seinem Tier geholfen wird, dann brauche ich auch kein Foto von seinem Tier.

Basisübungen

Die nun folgenden Basisübungen zum Sehen von inneren Bildern helfen Ihnen später dabei, das Fühlen des Tierkörpers zu entwickeln. Diese Fähigkeiten werden mit der telepatischen Kommunikation verbunden. Die Vorteile dieser Vorgehensweise sind, dass Sie sich nach und nach Ihrer Fähigkeiten bewusst werden und diese Werkzeuge (wie das Sehen der Aura) gezielt einsetzen können.

Zur Fähigkeit des erweiterten Sehens (Hellsehen/Aurasehen) gehört das Versenden von inneren Bildern (so genannten mentalen Postkarten) in einer Intensität, die es ermöglicht, dass sie von einem Tier konkret als Information oder Frage aufgenommen werden können. Dies erfordert natürlich einige Übung; beginnen wir daher mit einer vorbereitenden Atemtechnik.

Die Prana-Atmung:

Sie sollten diese Übung täglich mindestens einmal durchführen. Um optimale Ergebnisse zu erzielen, sollten Sie diese vor jeder Tierkommunikationssitzung und Tierheilung praktizieren. Sie dient zur Erdung und Zentrierung unseres Bewusstseins und hilft dabei, sich in einen ruhigen und konzentrierten Zustand zu bringen.

Setzen Sie sich bequem auf einen Stuhl und schließen Sie die Augen.

– Atmen Sie nun im Kronenchakra Licht/Prana ein und im Wurzelchakra aus. Wiederholen Sie dies mindestens fünfzehnmal.

– Atmen Sie nun im Wurzelchakra Licht/Prana ein und im Kronenchakra aus. Wiederholen Sie auch dies mindestens fünfzehnmal.

– Atmen Sie nun immer abwechselnd im Kronenchakra Prana ein und im Wurzelchakra aus, und im Wurzelchakra ein und im Kronenchakra aus. Wiederholen Sie dies mindestens zwanzigmal.

– Atmen Sie nun gleichzeitig im Kronen- und im Wurzelchakra ein und lassen Sie das Licht im Herzchakra zusammenfließen. Lassen Sie zu, dass es sich dort einen Augenblick sammelt, und atmen Sie das Licht dann durch das vordere und hintere Herzchakra aus.

– Stellen Sie sich vor, dass Sie mit dem ausgeatmeten Licht Ihre Aura dehnen. Wiederholen Sie diese Übung mindestens zehnmal.

Diese Meditation ist als ausführliche Version als CD »Basismeditation Lichtarbeit« über den Versand der Sunrise Schule erhältlich.

Machen Sie die folgenden Übungen zuerst mit Pflanzen, da sie weniger komplexe Energiefelder haben als Tiere:

Setzen Sie sich vor eine Pflanze, am besten ein grünes Blattgewächs, und schließen Sie die Augen. Nach Möglichkeit sollte der Raum, in dem Sie sich befinden, abgedunkelt sein. Sie wissen nun, wo Ihre Pflanze steht, und richten Ihre innere Aufmerksamkeit auf sie. Lenken Sie Ihren inneren Blick auf den Rand eines Blattes und stellen Sie sich vor, knapp an diesem Rand vorbeizusehen, streifen Sie ihn mit ihrem Blick. Welche Farbe glauben Sie dort zu spüren? Sie haben richtig verstanden, Sie sollen Farben spüren. Fragen Sie Ihr Herz, was es fühlt. Nehmen Sie die erste Farbe, die Sie spüren, an und erlauben Sie sich, Ihrer Wahrnehmung zu vertrauen. Versuchen Sie dieselbe Übung dann mit offenen Augen in der Natur mit den Blättern eines Baumes. Je entspannter Sie sind, desto mehr werden Sie sehen können.

Die Aura Ihres Tieres (Wochenübung)

Nehmen Sie sich eine Woche lang jeden Morgen zehn Minuten Zeit für diese Übung.
　　Entspannen Sie sich und setzen Sie sich in Sichtweite Ihres Hundes; er kann auch vor Ihnen liegen. Schließen Sie die Augen und sammeln Sie sich einen Augenblick in Ihrer Mitte, atmen Sie in den Bauch. Versuchen Sie dann zu spüren, welches Chakra ihres Hundes am meisten wahrnehmbar ist.

Spüren Sie, welche Farbe Sie um das Tier herum wahrnehmen können, und erlauben Sie sich dann ganz bewusst, diese Farbe auch zu sehen. Diese Übung hilft Ihnen, Veränderungen in der Aura Ihres Hundes zu erkennen. Sie können sie auch mit einem Menschen durchführen, auf dessen Energiefelder Sie sich konzentrieren.

Sehen und Fühlen der Aura

Schließen Sie Ihre Augen. Rufen Sie Ihr Tier vor Ihr geistiges Auge und stellen Sie sich vor, welche Farben das Tier umgeben könnten. Nehmen Sie sich die Zeit, um die Farben richtig zu erspüren. Versuchen Sie, die Struktur, Konsistenz, Dichte und Farbe jeder Auraschicht zu sehen. Spüren Sie, wie die verschiedenen Schichten interagieren und wirken. Versuchen Sie, Gemeinsamkeiten zu finden und eine gemeinsame Aussage über alle Farbfelder zu treffen.

Bei dieser Übung lernen Sie, die Tagesaura zu deuten:

Das Hineinfühlen in den Hundekörper

In der Tierkommunikation baue ich das Fühlen/Spüren auf das Aura-Sehen auf. Die Erweiterung des normalen Spürens erlaubt dem Menschen, in das *Hellfühlen* oder *Feinfühlen* vorzudringen. Diese Form der Wahrnehmung ermöglicht uns, feinstoffliche Energien zu erfassen und uns in ein Wesen hineinzufühlen. Dieses Hineinfühlen findet in der Arbeit mit Tieren nur nach deren geistiger Erlaubnis statt, da wir sonst die Intimsphäre eines Wesens verletzen würden.

Bei dem Erfühlen der Aura und des Körpers eines Tieres durchbrechen Sie gewissermaßen die Schutzschicht dieses Individuums. Bitten Sie einen Hund daher um seine Erlaubnis, bevor Sie in seinen Körper hineinfühlen. Auch wenn es sich um Ihr eigenes geliebtes Tier handelt, ist sein Einverständnis nicht automatisch gegeben. Ihr Hund könnte zum Beispiel ablehnen, weil Sie gestresst sind oder negative Energien in sich tragen und das Tier damit nicht in Berührung kommen will.

Es ist mir besonders wichtig, allen Anfängern deutlich davon abzuraten, diese Übung mit Menschen durchzuführen. Es könnten Energieteile anhaften und Sie oder der andere Mensch könnte sich dadurch hinterher schlecht fühlen.

Bei Tieren kann sich zwar nichts von dem Tier auf den Menschen, wohl aber umgekehrt übertragen. Achten Sie hier von Anfang an auf Ihr Gefühl – und darauf, ob ein Tier dieses Fühlen auch zulassen möchte. Wenn ich Menschen »abscanne«, merken die Feinfühligen unter ihnen dieses ganz deutlich und jemand, der ein schwaches Energiefeld hat, kann sich sogar bedrängt fühlen und Herzrasen bekommen.

Sie sollten die folgenden Übungen zu Beginn nicht mit Welpen oder kleinen Tieren wie Hamstern, Meerschweinchen oder Vögeln durchführen. Arbeiten Sie bitte nur mit erwachsenen Tieren und nur im Notfall mit erkrankten Wesen. Je mehr Erfahrung Sie sammeln, desto besser können Sie auch auf kleinere und sehr sensible Tiere eingehen.

Das Fühlen der Aura des eigenen Hundes kann später zu einem Bodyscan erweitert werden, was bedeutet, dass Sie sowohl den feinstofflichen Körper Ihres Hundes als auch gezielt einzelne Organe energetisch abtasten und diese auf ihre Gesundheit hin überprüfen können. Beim Scannen von Energien um ein Tier können Sie sowohl positive als auch negative Zustände erkennen.

Wie bereits erwähnt, ist es beim gesamten energeti-schen Arbeiten wichtig, worauf man seine Aufmerksam-keit richtet. Die Energie folgt immer der Absicht. Einem geübten Tiermedium kann es passieren, dass es beim »Abscannen« eine Fehlfunktion eines Organs wahrnimmt, ohne eine Entsprechung in der Aura zu sehen.

Ein junger Retriever namens Mickey kam mit seiner char-manten Besitzerin in meine Praxis. Mickey, so versicherte mir seine Halterin, sei normalerweise das blühende Le-ben, einen lebhafteren und verspielteren Hund als Mickey würde es kaum geben. Das Bild, das sich in meiner Praxis bot, wich von der Beschreibung der Dame ab. Mit ge-krümmtem Rücken und hängender Rute saß der knapp zweijährige Rüde traurig vor mir auf dem Boden. In der Kommunikation teilte er mir mit, dass es ihm gut gehen würde. Er liebe sein »Frauchen« sehr und wolle ihr keine Sorgen bereiten.

Er erzählte weitere Details seines Lebens, die von sei-ner Halterin auch bestätigt wurden. Nichts wies auf ein Unwohlsein oder eine Krankheit hin. Dann begann ich seine Aura zu scannen. Ich tat dies ganz unauffällig wäh-rend des Gespräches, so dass Mickey keinen Verdacht schöpfen konnte. Meiner Einschätzung nach wollte er seinem Frauchen auf gar keinen Fall Vorwürfe machen. Alles war normal bis auf knallrote Flecken über den Nie-ren. Sofort fragte ich nach dem Futter. Seine Halterin er-zählte mir, dass sie kürzlich ihre Arbeitsstelle verloren hatte und das teure Hundefutter gegen eine günstigere Variante aus dem Supermarkt getauscht hatte. Mickey stand, noch während sie sprach, auf und drehte sich weg. Er kehrte uns seinen Rücken zu.

Nach viel Streicheln und gutem Zureden erklärte er

schließlich, was sein Problem war. Er hatte erkannt, wie traurig sein Frauchen durch den Verlust ihrer Arbeit war und dass sie oft weinte. Er sagte klar und deutlich, dass er den Zusammenhang zu seinem Futter erkannt hatte. Er wusste, dass sein Mensch traurig war, weil er ein anderes Futter bekam. Als er von der schnellen Futterumstellung und der Qualität seines Essens Nierenschmerzen bekam, zog er sich lieber zurück. Er wollte sie nicht noch trauriger machen und nahm lieber die Schmerzen auf sich.

Natürlich stellte seine Halterin das Futter wieder um und Mickey erholte sich.

Die Kommunikation mit verstorbenen Tieren

Diese Kontaktaufnahme funktioniert am besten über ein Foto. Bei dieser Art von Kommunikation kann man nur über das Sehen und Fühlen arbeiten. Ich nutze keine aktuellen Schwingungen des Tieres, sondern verfolge die Spuren, die das Tier in das kollektive Bewusstsein eingeprägt hat, und versuche, zu den Frequenzen der Seele, die sich noch nicht aufgelöst haben, eine Verbindung herzustellen.

Jedes Lebewesen prägt zu seinen Lebzeiten sein morphogenetisches Feld (siehe Glossar) in das kollektive Gesamtbewusstsein der Erde ein und macht sich so unsterblich. Wie stark die jeweiligen Frequenzen eines Tieres sind, hängt von dem Licht seines Wesens, seiner Seele und dem Kontakt, den es zu anderen Wesen hatte, ab.

Stirbt ein Mensch oder Tier, so werden seine Frequenzen von den Menschen oder Tieren immer wieder verstärkt, indem sie sich liebend und respektvoll an das verstorbene Wesen erinnern. Jesus zum Beispiel bildete eine sehr starke Feldenergie, und somit haben sehr viele Menschen Zugang zu der Präsenz dieses Meisters.

Wenn das verstorbene Wesen im Reinen mit sich und seiner Lebensaufgabe die Erde verlassen hat, ist seine Seele gelöst und deren Frequenzen werden sich aus dem Energiefeld der Erde nach und nach vollständig auflösen. Es ist dann sehr schwierig, die Seelenfarbe der Aura zu sehen oder einen ehemaligen organischen Zustand zu erkennen.

Gibt es für ein Tier oder einen Menschen auf Erden noch etwas zu lösen, dann bleiben stärkere Seelenanteile mit dem in das morphogenetische Feld eingeprägten Energiekörper verbunden und ich bekomme einen Kontakt zu dem Wesen selbst. Mit dieser Kontaktaufnahme kann ich Mensch und Tier helfen, sich auszusprechen oder eventuelle Wünsche zu übermitteln, so dass das Tier sich dann komplett lösen kann.

Diese Aufträge sind häufig Bestandteil meiner Arbeit, da viele Tiere in Notsituationen oder durch Unfälle ihren Körper verlassen und es einfach noch etwas mitzuteilen gibt.

Viele Menschen wollen einfach wissen, warum ihr Tier sterben musste, und hier kann diese Kontaktaufnahme helfen. Sie sollte allerdings nur von einem erfahrenen Tiermedium ausgeführt werden, da man über die Kontaktaufnahme zu einem verstorbenen Wesen etliche andere Wesen als unerwünschte Anhängsel aufgreifen kann.

Natürlich können Sie auf dieser Ebene auch mit verstorbenen Menschen Kontakt aufnehmen, ich würde allerdings zum Wohl Ihres irdischen Friedens die Finger davon lassen.

Die folgenden Übungen helfen dabei, das Erspüren der Energiefelder zu erlernen.

Besorgen Sie sich von Freunden mehrere Fotos von Tieren, die Sie nicht kennen. Legen Sie die Fotos mit dem Rücken nach oben vor sich und versuchen Sie, die Tierart zu erspüren.

Nehmen Sie nun eines der Bilder und stellen Sie sich vor, das Tier würde vor Ihnen stehen. Tasten Sie nun die Aura des Tieres ab. An welchen Körperstellen des Tieres fühlen Sie Wärme oder Kälte?

Nehmen Sie einen Stift zur Hand und lassen Sie Ihren Blick entspannt über das Foto wandern. Schreiben Sie alles auf, was Ihnen auffällt. Versuchen Sie, aus Ihren Beobachtungen eine Aussage zu bilden.

Überlegen Sie, in welchem Raum Ihrer Wohnung Sie sich am liebsten aufhalten. Setzen Sie sich dorthin und schließen Sie die Augen. Was spüren Sie?

Machen Sie dieselbe Übung mit dem Zimmer, das Sie am wenigsten mögen. Was spüren Sie dort?

Setzen Sie sich und meditieren Sie für einen kurzen Moment. Stellen Sie sich dann vor, Sie würden beginnend mit Ihrem Gehirn alle Organe aus Ihrem Körper entnehmen, auf den Tisch legen und einzeln mit Ihren Händen erfühlen.

Auch wenn diese Übung Ihnen seltsam erscheinen mag, versuchen Sie z. B., Ihr Gehirn nicht als kalte graue Masse wahrzunehmen, sondern in das Organ hineinzufühlen und zu erkennen, wo sich helle und dunkle Stellen befinden. Auch Kälte (energetisch unterversorgt) und Wärme (energetisch gut versorgt) sind gute Indikatoren für die Gesundheit Ihres Hundes. Wie sollen Sie das Herz eines Hundes gut fühlen können, wenn Sie Ihr eigenes als einen roten, zuckenden und wenig liebsamen Muskel wahrnehmen?

Machen Sie diese Übung nun mit Ihrem Hund.

Hierbei beachten Sie bitte zwei Punkte:

1. Rufen Sie Ihr Tier zuerst auf geistiger Ebene und stellen Sie es sich dabei vor. Erklären Sie ihm mit Ihren Gedanken, so gut es Ihnen möglich ist, dass Sie seine Organe erspüren möchten, um es besser kennen zu lernen und ihm gegebenenfalls zu helfen. Warten Sie auf ein Zeichen, das Ihnen sein Einverständnis signalisiert. Sollte das Tier vor Ihrem geistigen Auge verschwinden, unterbrechen Sie diese Übung und fragen Sie Ihr Tier erneut an einem anderen Tag um sein Einverständnis.

2. Gehen Sie vorher in die Prana-Atmung und reinigen Sie sich, denn Sie durchqueren bei dieser Übung den Schutzschild des Tieres und Sie wollen keine Energien übertragen. Arbeiten Sie ruhig und bedacht und vergessen Sie das meditative Atmen nicht.

Stellen Sie sich vor, Sie würden beginnend mit dem Gehirn alle Organe aus dem Körper Ihres Hundes entnehmen, auf den Tisch legen und einzeln mit Ihren Händen erfühlen. Versuchen Sie hierbei, Farben und Beschaffenheit zu erspüren, und geben Sie schließlich alle Organe in den Körper zurück. Stellen Sie sich goldenes in den Körper fließendes Licht vor. Visualisieren Sie am Ende einen dunkelblauen Schutzmantel, der das Tier umgibt.

Nachdem Sie diese beiden Formen der Kommunikation und der Heilarbeit geübt haben, kommen wir nun zur

Königskür, der telepathischen Kommunikation. Hier stellen sich bereits zu Beginn zwei Fragen, die gleichzeitig auch Probleme sind:

- Wie erkenne ich, ob es wirklich das Tier ist, das zu mir spricht, und nicht andere Wesen?
- Wie kann ich wissen, ob das Gesagte den wahren Gedanken des Tieres und nicht meinen eigenen Wünschen und Vorstellungen entspricht?

Leider gibt es keine rote Lampe, die aufleuchtet, wenn Sie auf dem Holzweg sind. Genau deswegen empfehle ich, die Tierkommunikation ausgiebig mit dem eigenen Hund oder befreundeten Tieren zu üben.

Der Moment, in dem Sie mit fremden Tieren Kontakt aufnehmen und Gespräche führen, ist ein weiterer Entwicklungsschritt. Sie sprechen für das Tier mit dem Menschen und übernehmen für das Tier Verantwortung. Das Tier und der Mensch vertrauen Ihnen und dies setzt voraus, dass Sie Ihr Fach beherrschen und sicher in Ihren Aussagen sind. Dies ist meiner Meinung nach nur durch eine fundierte Ausbildung möglich.

Bedauerlicherweise gibt es auch Menschen, die sich, ohne fundierte Ausbildung, in maßloser Selbstüberschätzung »Tierkommunikatoren« nennen und nicht nur den Tierhaltern, sondern auch der Öffentlichkeit ein ganz verfälschtes Bild der Tierkommunikation vermitteln. Würden Sie sich vor Gericht gerne von einem Anwalt vertreten lassen, der sein Staatsexamen nicht abgelegt hat, oder Ihr Haus von jemandem bauen lassen, der von Statik keine Ahnung hat? Sicherlich nicht. Deswegen ist es wichtig, sich nach Erfahrung und Werdegang eines Tierkommunikators genau zu erkundigen. Die Sunrise Schule bietet seit 2006 für Fälle, in denen es den Tierhaltern um eine relativ kurze Anfrage geht, eine telefonische Beratung an. Unsere Berater haben alle mehrjährige Ausbildungen als Tierkommunikator, Heiler und zum Teil als Mediziner absolviert.

Ihre ersten Versuche in der Tierkommunikation werden wenig referenzfähig sein. Sie werden nicht sicher wissen, ob Sie wirklich mit dem Tier gesprochen haben. Dies braucht Zeit und Vertrauen. Der beste Weg, um Sicherheit und Selbstvertrauen zu erlangen, ist das Üben.

Lassen Sie sich von allen Quellen, die Ihnen zur Verfügung stehen, Fotos mit Fragen senden. Erklären Sie den Tierhaltern, dass Sie üben möchten und eventuell noch nicht alles korrekt ist, was Sie empfangen. Vergleichen Sie Ihre Aussagen mit denen des Halters und wachsen Sie an Ihren positiven Erlebnissen. Der Erfolg wird Sie weitertragen. Es ist zu Beginn besonders wichtig, mit Fragen zu arbeiten, die man überprüfen kann. Beispiele hierfür sind Fragen nach der Farbe des Napfes oder dem Schlafplatz des Tieres. Sparen Sie sich Alter und Namen des Tieres für später auf, denn hierbei ergeben sich folgende Probleme:

Die Frage nach dem Alter des Hundes
Stunden, Minuten, Tage und Jahre sind menschliche Einheiten. Sie können einen Hund durchaus nach seinem Alter fragen, werden aber die Antwort aus der Schwingung zusammensetzen müssen. Dies bedeutet, dass Sie Ihr menschliches Gefühl für bestimmte Zeiträume auf die Schwingung des Tieres legen und so im Vergleich auf eine bestimmte Anzahl von Jahren kommen.

Dieser Vorgang ist kein bewusster, Sie werden einfach nur ein Gefühl für ein Alter bekommen, das plus oder minus einem Jahr durchaus noch im Toleranzbereich liegt. Tiere empfinden Zeit nach dem Rhythmus der Natur und der Tag-und-Nacht-Einteilung. Natürlich spielt der Tagesablauf, den Sie Ihrem Tier vorleben, auch eine wichtige Rolle. Ihr Hund richtet sein Leben nach Ihrem Leben aus, Sie sind sozusagen der Kalender Ihres Tieres. Mein Mops Mercucio hat seinen ganz eigenen Kalender, der von dem Funktionieren unserer Heizungen abhängt. Sind diese an, ist von ihm aus gesehen kein Gassi nötig und das Futter erscheint als unwichtige Nebensache. Er schläft dann.

Verändern Sie ihren Tagesablauf oder ziehen Sie mit Ihrem Hund in eine andere Zeitzone, so verändert dies den inneren Kalender des Tieres. Auch wenn Sie in den Urlaub fahren und Ihr Hund Sie nicht begleiten kann, ist es möglich, die Zahl der Tage in einer Anzahl von inneren Bildern zu senden. Sie würden dann beispielsweise für fünfzehn Tage fünfzehn Futternäpfe und das Schließen und Öffnen der Vorhänge oder den Sonnenaufgang als innere Postkarte senden. Wenn Sie Ihrem Hund dagegen nur sagen, dass Sie in fünfzehn Tagen wiederkommen, kann er mit dieser Aussage wahrscheinlich wenig anfangen.

Für Ihren Hund gibt es auch keinen Bezug zu einem Begriff wie einem langen oder kurzen Leben. Er hat keine Wertung dafür, ob sein Leben fünf oder fünfundzwanzig Jahre gedauert hat, denn ein Tier sammelt nur Erfahrungen, zählt jedoch nicht die Jahre. So fühlen sich Tiere nicht ungerecht von ihrem Gott behandelt, wenn ihr Leben nicht bis ins hohe Alter geht. Tiere haben keine Angst vor dem Tod und dem Leben danach.

Demzufolge sollten wir Menschen unsere Angst, in einem nicht ewig andauernden irdischen Leben zu kurz zu kommen, nicht in die Gedanken der Tiere projizieren.

Es gibt sogar Tiere, die nach Abschluss ihrer Lebensaufgabe ihre irdische Hülle gern verlassen.

Der wahre Name eines Hundes
Es gibt in der Tierkommunikation viele Fragen, die sich auf den Namen des Tieres beziehen.

Diese sind unter anderem:
- Wie kann ein Tierkommunikator auf geistiger Ebene Kontakt mit dem richtigen Tier aufnehmen, es gibt sicher viele Tiere mit demselben Namen?
- Wie kann ich den wahren Namen meines Hundes herausfinden?
- Was bedeutet der Name für ein Tier?
- Kennen Tiere ihre Namen wirklich oder sind sie nur darauf konditioniert?

Indianer und Naturvölker haben ihren Tieren und Kindern Namen gegeben, die ihren Seelenqualitäten entsprechen. Sie haben meditiert, um einen Namen für ein Pferd zu erfahren, oder haben es einfach selbst gefragt. So entstanden wundervolle Namen wie »kleiner Bär, den die Sonne küßt« für einen Hund oder »Wildes Herz« für ein Pferd.

Natürlich sind diese Namen hier übersetzt. Sie entsprechen aber dem Ausdruck der Seele des Tieres und helfen ihm so, sich in diesem Leben optimal zu entfalten. In der Welt der Hunde kenne ich dutzende Jargos, Bennys und Bellos. Da drängt sich die Frage auf, ob nicht gerade so ein bewusstes Wesen wie ein Hund einen Namen verdient hat, der seiner Persönlichkeit entspricht.

Wenn Sie Ihren Hund nach seinem wahren Namen fragen, bekommen Sie meist eine klare Antwort. Sie sollten auf alle Fälle vorab meditieren. Ich kenne einen Hund namens Max, der nach seinem verstorbenen Vorgänger benannt wurde. Natürlich ist es ihm sehr schwer gefallen, einen eigenständigen Charakter zu entwickeln.

Mein Mops Mercucio hat mir im Alter von fünf Jahren ernsthaft mitgeteilt, dass er doch lieber Django genannt werden möchte. Ich habe keine Ahnung wie er darauf gekommen ist, aber wir haben einen Kompromiss gefunden. Er hört auf den Namen Mercucio, aber zu Hause nennen wir ihn Django.

In meinen Readings frage ich die Tiere meist nach ihrem Seelennamen und bekomme ihn nur mitgeteilt, wenn es für den Besitzer wirklich wichtig ist, ihn zu erfahren. Wir Menschen haben neben dem irdischen Namen noch einen Seelennamen, den wir allerdings erst erfahren, wenn wir eine gewisse spirituelle Öffnung und Entwicklung gemacht haben. Der Seelenname verbindet sich sozusagen direkt mit dem Seelenpotential und erhöht die Schwingung eines Lichtwesens (in diesem Fall des Menschen).

All meine Tiere haben ihre Seelennamen, und bei manchen wie einem Meerschwein namens »Little White Buffalo« hat es ein halbes Jahr gedauert, bis sich das Tier seines Namens bewusst wurde.

Meine inzwischen verstorbene Patenkatze (sie kam aus Luxor/Ägypten) hat mir ihren Namen Nerfertari stolz präsentiert und ich habe erst Jahre später erfahren, dass es sich hierbei um den Namen einer altägyptischen Prinzessin handelte.

Viele Hunde können nicht wirklich einen Bezug zu ihrem Rufnamen herstellen. Hunde reagieren im Alltag stark auf kurze, prägnante Namen. Die meisten Hunde sind nur auf ihre Namen konditioniert und reagieren darauf. Wirklich wenige wissen, dass dies ihr Name sein soll.

Sexy, eine fünf Jahre alte Labradorhündin, teilte sich mir mit:
»Anfänglich ist mir aufgefallen, dass die Menschen sich umdrehten, wenn mein Halter mich rief. Später wurden die Reaktionen der Menschen immer seltsamer und ich hatte das Gefühl, dass ich abgelehnt werde.«

Ich habe die Hundedame aufgrund ihrer Depression kennen gelernt und behandelt. Es ist sicher nicht schwer zu erkennen, was sich zuerst ändern musste, um ihren Zustand zu verbessern.

Elvis, ein zehn Jahre alter schwarzer Kater, erzählte mir:
»Ich war immer der Größte und ich regiere mein Reich. Ich spüre, dass die Menschen an etwas Großes, Tolles denken, wenn sie mich rufen, denn diese Schwingung senden sie mir.«

Meditation zum Finden des wahren Namens Ihres Hundes

- Schließen Sie Türen und Fenster und reinigen Sie den Raum durch Räuchern. Legen Sie ein Foto Ihres Hundes vor sich oder wissen Sie Ihr Tier entspannt in Ihrer Nähe.
- Schließen Sie die Augen und lassen Sie alle Gedanken los. Sagen Sie sich: »Ich lasse nun alles los.«
- Atmen Sie ein und aus und denken Sie an den Herzschlag Ihres Tieres. Verfolgen Sie diesen Rhythmus und vergessen Sie nicht, dabei entspannt zu atmen. Berühren Sie mit der linken Hand das Foto des Tieres oder das Tier direkt und warten Sie, bis Sie Wärme in Ihrem Herzen spüren.

- Fragen Sie das Tier nun nach seinem Seelennamen. Versuchen Sie, offen für jede Antwort zu sein. Wenn Sie einen Namen bekommen, so halten Sie einen Augenblick inne und fragen Sie das Tier laut: »Ist ›...‹ dein wirklicher Seelenname?«

Wenn Sie das Herz des Tieres weiterhin spüren und Ihren Hund vor Ihrem inneren Auge weitersehen können, nehmen Sie den gehörten Namen an. Wenn Ihr Hund vor Ihrem inneren Auge verschwindet, lassen Sie die Übung einige Tage ruhen und versuchen Sie es dann erneut. Sie sollten ein Tier auf der geistigen Ebene nie unter Druck setzen. Jedes Tier kennt seinen Seelennamen, aber es ist nicht immer an uns, diesen zu erfahren. Haben Sie den Seelennamen erhalten, können Sie ihn vorsichtig nach und nach an der Stelle des Rufnamens einsetzen. Sie können Ihren Hund auch nur zur telepathischen Kommunikation mit diesem Namen rufen.

Telepathisch, also mittels Gedanken zu kommunizieren ist ein alter Traum der Menschheit. Jeder Mensch ist fähig, diese Art der gedanklichen Sprache zu erlernen, aus dem einfachen Grund, weil er diese Art der Kommunikation bereits laufend benutzt. Wir alle kennen aus irgendeiner Situation das Gefühl der Gedankenübertragung. Sie denken kurz vor Ihrer Mittagspause an Ihre Freundin und daran, dass ein gemeinsames Essen schön wäre, und fast im gleichen Augenblick klingelt das Telefon und Ihre Freundin schlägt das angedachte Mittagessen vor.

Gedankliche Kommunikation ist abhängig von drei Faktoren: dem klaren Gedanken des Senders, der geistigen Klarheit des Empfängers und der Energie, also dem Sendepotential des Senders. Je stärker der Sender seine men-

tale Kraft bewusst oder unbewusst bündeln kann, desto
klarer erreicht der Gedanke den Empfänger.

Ein Mensch, der diese Kräfte bewusst nutzen kann und
Zugang zu ihnen hat, kann sowohl positiv als auch negativ beeinflussen.

Während einer Meditation werden Wellen von positiven Gedanken freigesetzt, die andere Menschen mit einer
ähnlichen Grundeinstellung erreichen und auf Dauer an-
ziehen. Sie können einen geliebten Menschen im Koma
oder einen Hund, der sich unter Narkose befindet, mit
Ihren Gedanken erreichen. In so einem Fall ist es besonders wichtig, klare Gedanken zu haben, also der Angst
und dem eigenen Schmerz keinen Raum zu geben, sondern dem Tier mittels der Gedanken zu erklären, dass alles
in Ordnung ist und die Operation bald vorbei sein wird.

Dass wir zu Tieren und Menschen in diesem Zustand
wirklich Kontakt aufnehmen können, liegt an unseren telepathischen Fähigkeiten. Persönlich nutze ich die Telepathie oft in der Beziehung zu meinem Mann. Sollte er
vergessen haben, das Auto abzuschließen, so sende ich
ihm einen Gedanken – oder wir greifen prinzipiell im
gleichen Augenblick nach einem Gegenstand. Ich denke
an die Geschirrspülmaschine, und er stellt sie an.

Bei meinen eigenen Tieren setze ich die Telepathie
ebenfalls ein. Meine Tiere senden mir Gedanken, wenn
sie Hunger haben oder etwas nicht in Ordnung ist. Mein
Hund Mercucio hatte sich eines Tages aus einem einge-
zäunten Grundstück eines Ferienhauses in Dänemark
lautlos entfernt. Da ich mich im Wohnzimmer befand
und der Meinung war, dass alles in ordentlichen Bahnen
verlief, war ich sehr erstaunt, als ich plötzlich starke
Freude und den Gedanken »Rennen« empfing. Niemand
der Anwesenden war gerade joggen oder tat etwas Ähnli-

ches. Dann begriff ich, wessen Gedanken ich da empfing. Mercucio konnte es durch den engen geistigen Kontakt nicht verhindern, dass seine inneren Bilder und Gedanken mich erreichten. Ich lief nach draußen und verließ mich auf meine Verbindung zu ihm, die mich auf einen einsamen Strandweg lenkte. Als ich schneller rannte, konnte ich ihn plötzlich vor mir sehen. Schließlich bekam ich ihn zu fassen. Schuldbewusstsein blitzte mir aus verschmitzten Augen entgegen.

Er erklärte, er sei einem Kaninchen gefolgt und die Freude am Rennen hätte ihn immer weiterlaufen lassen. Sein hohes Selbst jedoch nutzte den Kanal zu meinen Gedanken und schlug Alarm.

6. Der 8-Wochen-Kurs in Hunde-kommunikation

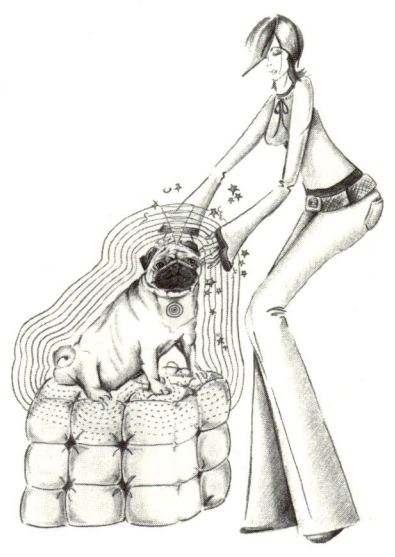

Ich habe den Hundekommunikationskurs bewusst kürzer gestaltet als den Kurs in meinem Katzenbuch. Der Hintergrund ist, dass Sie Ihre »Gesprächsfähigkeit« mit einem Hund schneller im Alltag erfahren können. Die telepathische Kommunikation mit einem Hund lässt sich wunderbar während gemeinsamer Spaziergänge oder Spiele erproben. Hunde sind leichter zu erreichen als Katzen, da sie sich mit ihrem Bewusstsein voll und ganz auf uns Menschen einlassen.

Telepathie zum Bestandteil der Kommunikation mit Ihrem Hund zu machen, bietet folgende Vorteile:

- Gedankliche Gespräche finden statt
- Bilder und Gefühle können mit einem Gespräch unterlegt werden
- Es wird über die Telepathie ein Kontakt zum Hohen Selbst hergestellt
- Sie ermöglicht Gespräche mit entlaufenen Tieren
- Gespräche mit Frequenzen verstorbener Tiere werden möglich
- Fragen an die Tiere können gezielt beantwortet werden

Für die folgenden Übungen empfiehlt es sich, ein Kommunikationstagebuch anzulegen. So können Sie Gespräche niederschreiben und die Fortschritte, die Sie machen und die sich in der Verbesserung des Gesprächsflusses bemerkbar machen, verfolgen. Außerdem macht es viel Freude, alte Gespräche zu lesen und sich an besondere gemeinsame Momente zu erinnern.

Die Übungen des Kurses sollten in einem Zeitrahmen von acht aufeinanderfolgenden Wochen stattfinden. Der Kurs ist so angelegt, dass pro Woche eine Übung stattfindet und sich Ihr Können nach und nach steigert.

Sie sollten nicht ausschließlich mit Ihrem eigenen Hund arbeiten, sondern möglichst viele Tiere kontaktieren. Sie sollten von Anfang an viele Fotos für die Übungen bereithalten.

Es ist wichtig zu wissen, dass sich die Übungen durch die langsame Steigerung in ihrer Wirkung entfalten. Ihr Talent als Hundekommunikator wird also langsam aufgebaut. Einzelne Übungen sollten erst nach Abschluss des 8-Wochen-Kurses unabhängig voneinander durchgeführt werden. Erst dann sind Sie in der Lage, die Energie für eine Übung selbstständig aufzubauen.

Dieser Kurs wird Ihnen und Ihrem Hund viel Freude bereiten. Am Ende verbinden wir das Sehen und Fühlen der
Aura mit der eigentlichen gedanklichen Kommunikation.
Erst dann »sprechen« Sie im eigentlichen Sinne. Zur Unterstützung kann ich Ihnen die CD »Hundeflüstern« und
die Übungs-CD 1 + 2 »Tierkommunikation« empfehlen
(siehe Bezugsquellen).

Ich wünsche Ihnen und Ihrem Hunde viel Freude und
Geduld.

Es ist wichtig, dass Sie vor Beginn jeder Übung die Prana-
Atmung durchführen und sich und Ihre Räume energetisch reinigen. Sie schützen so Ihren Hund vor negativen
Übertragungen im energetischen Bereich und Ihren telepathischen Kanal vor unerwünschten Wesen.

1. Woche
- Schreiben Sie fünf Fragen, die Sie ihrem Hund stellen
  möchten, in Ihr Heft. Schreiben Sie Ihre eigenen bewussten Antworten daneben. Bewusste Antworten sind
  jene, die SIE für die Antworten Ihres Hundes halten.
- Begeben Sie sich in einen meditativen Zustand und
  atmen Sie in Ihr Herz. Entspannen Sie sich und stellen
  Sie die gleichen Fragen noch einmal. Versuchen Sie,
  die Liebe zu Ihrem Hund als Wärme in Ihrem Herzen
  zu spüren.
- Vergleichen Sie seine Antworten mit den zuvor notier-
  ten Antworten.

Die Antworten Ihres Hundes können sehr überraschend
sein. Stellen Sie zu Beginn möglichst einfache Fragen.
Eine Frage wie »Wo warst du letzten Freitag um die Mit-
tagszeit?« ist für den Anfang viel zu komplex.

Geeignete Fragen am Anfang sind:
- Was ist dein Lieblingsessen?
- Wer ist dein bester Freund?
- Zeige bitte dein Lieblingsspielzeug.
- Wo gehst du am liebsten spazieren?
- Hast du gerade Schmerzen?
- Was wünschst du dir in diesem Moment?

Sie können diese Übungen in der ersten Woche mit verschiedenen Hunden durchführen.

2. Woche
- Gehen Sie in ein Zimmer und lassen Sie Ihren Hund in einem anderen Raum dösen.
- Setzen Sie sich und entspannen Sie sich. Anschließend rufen Sie Ihren Hund in Gedanken und stellen sich vor, wie er zu Ihnen kommt und Sie berührt.
- Haben Sie klar gesendet wird Ihr Hund einige Augenblicke später diese Szene real umsetzen.

Sollte diese Übung beim ersten Mal nicht funktionieren, seien Sie nicht enttäuscht. Sie werden mit jedem Übungstag entspannter, wodurch Ihr Senden klarer wird. Meine Empfehlung ist, die Übung täglich zur gleichen Uhrzeit durchzuführen.

3. Woche
- Nehmen Sie täglich, im Anschluss an das geistige Senden, ein Foto des Tieres zur Hand. Legen Sie Ihr Tagebuch griffbereit und das Foto vor sich. Berühren Sie das Foto nun mit Ihrer linken (empfangenden) Hand und nehmen Sie einen Stift in Ihre rechte (gebende) Hand.

- Stellen Sie sich nun vor, dass Sie in Ihren Gedanken ein Gespräch mit Ihrem Tier über alltägliche Dinge führen. Sie sprechen und lassen dabei die Antworten, ohne sie zu bewerten, in Ihren Kopf fließen. Schreiben Sie Fragen und Antworten in Ihr Heft.
- Sie können diese Übung die ganze Woche über mit einem Tier fortsetzen. Wichtig ist, dass Sie die Mitschriften nicht bewerten. Niemand außer Ihnen wird sie zu Gesicht bekommen. Es geht also ausschließlich um die Kommunikation zwischen Ihnen und Ihrem Tier.

4. Woche

Diese Übung ist eine meiner liebsten. Ich nenne sie Herzkommunikation. Sie kann sehr schön sein und eine starke Verbindung zum eigenen Tier herstellen, wenn man bereit ist, seine Angst wirklich loszulassen und uneingeschränkte Nähe zu erlauben. Es ist gut, wenn Sie vor sich einen Tisch haben, Sie können die Übung aber auch am Boden vor einem Couchtisch durchführen.

- Setzen Sie sich und schließen Sie die Augen. Versuchen Sie, solange Ihre Zeit es zulässt, sich zu entspannen und an nichts zu denken (maximal zehn Minuten).
- Stellen Sie sich vor, dass Ihr Hund vor Ihnen sitzt, seine Brust Ihnen zugewandt. In Gedanken lassen Sie nun einen Strahl von goldenem Licht aus Ihrem Herzen in das Herz Ihres Tieres fließen.
- Stellen Sie sich vor, dass all Ihre Liebe zu Ihrem Tier fließt. Nun lassen Sie vor Ihrem inneren Auge das Licht aus dem Herzen Ihres Tieres zu Ihnen zurückfließen und einen Kreislauf aus Licht entstehen. Erhalten Sie diesen Kreislauf aus Licht ca. drei Minuten aufrecht (gern auch länger, wenn Sie möchten) und legen Sie

dann in das Licht, das von Ihnen zu dem Herzen des Hundes fließt, eine Frage.

- Stellen Sie sich vor, wie diese gedankliche Frage zum Herzen des Hundes getragen wird und dort mit der Antwort in einem goldenen Fluss zu Ihnen zurückfließt.
- Nehmen Sie an, was immer als Antwort kommt. Bitte stellen Sie Ihrem Tier anfänglich nicht mehr als zehn Fragen auf diese Weise.
- Wenn Sie die Übung beenden wollen, lassen Sie den Fluss aus Ihrem Herzen immer schwächer werden und schließlich verebben. Danken Sie Ihrem Hund und visualisieren Sie sich beide in einem goldenen Ei. Schreiben Sie Ihre Erlebnisse auf. Sie können diese Übung die Woche über auch mit verschiedenen Tieren durchführen.

5. Woche

- Gehen Sie fünf Minuten in eine Meditation und stellen Sie sich dann Ihren Hund vor. Konzentrieren Sie sich auf seinen Atmen und beginnen Sie langsam damit, seinen Atem und den Herzrhythmus zu imitieren.
- Erlauben Sie sich, immer weiter in das Tier hineinzuspüren. Achten Sie auch auf Stellen, die dem Tier Schmerz bereiten und die Sie nun in Ihrem Körper spüren.
- Beenden Sie diese Übung, indem Sie langsam und sanft wieder zu Ihrer eigenen Atmung zurückkehren.
- Hüllen Sie das Tier anschließend in goldenes Licht und danken Sie ihm.

Sollte Ihr Hund nicht zu Beginn der Meditation erscheinen, rufen Sie bitte ein anderes Tier vor Ihr geistiges Auge. Das Hineinfühlen in den Körper eines Tieres sollte niemals erzwungen werden.

Treten Sie anschließend, wie in der zweiten Woche, über ein Foto mit Ihrem Tier in Kontakt. Bitten Sie es konkret, während des Tages etwas Außergewöhnliches zu tun. Zum Beispiel an einem anderen Platz zu schlafen oder aus einem fremden Napf zu trinken. Sollte diese Übung am ersten Tag nicht gleich gelingen, vereinfachen Sie Ihre Bitte. Stellen Sie sich ein möglichst klares Bild der erwünschten Handlung vor. Senden Sie es Ihrem Hund zeitgleich mit Ihren Gedanken.

6. Woche

* Sagen Sie Ihrem Hund laut, dass Sie eine Woche lang jeden Tag mit ihm sprechen werden. Halten Sie dann tagsüber jede Stunde einmal telepathischen Kontakt zu Ihrem Tier.
* Sprechen Sie mit ihm in Gedanken, wenn Sie zur Arbeit fahren, in der U-Bahn oder während Ihrer Mittagspause, und achten Sie darauf, jede Stunde mindestens einmal den Kontakt aufzunehmen.
* Lassen Sie mögliche Antworten als Gedanken einfach zu sich zurückfließen und nehmen Sie diese an, ohne sie zu bewerten.

Falls Sie jetzt denken, dass dies der beste Weg ist, um in die Psychiatrie aufgenommen zu werden, kann ich Sie beruhigen. Solange Sie nicht die Lippen bewegen und Ihre Mimik das innere Gespräch nicht auffällig unterstreicht, ist alles nach außen hin unsichtbar.

7. Woche

* Sprechen Sie in Gedanken alle Tiere an, die Ihnen während des Tages begegnen. Am besten gehen Sie auf einen Hundeplatz und nehmen dort Kontakt auf. Be-

grüßen Sie alle Hunde freundlich und fragen Sie sie nach ihrem Befinden, ihren Namen und nach ihren Haltern. Manche Hunde werden Sie sehr präsent spüren und Ihnen klare Antworten geben. Andere werden vielleicht zu beschäftigt oder unkonzentriert sein.

- Versuchen Sie auch während der Gassi-Gänge, die Tierkommunikation einzusetzen. Bitten Sie Ihren Hund, einen anderen Baum zu benutzen oder bei einem bestimmten Hund aus der Nachbarschaft das Bellen zu unterlassen. Sie können ihn gedanklich motivieren, sein Spielzeug zu holen.
- Notieren Sie sich Ihre Gespräche. Vielleicht stellen Sie fest, dass manche Hunde deutlich klarere Gedanken senden als andere. Manche Tiere reagieren gerade im Park sehr stark auf eine geistige Ansprache, indem sie physisch reagieren. Frei laufende Hunde sind in der Regel entspannter und öffnen sich leichter für die Kommunikation im Park.

8. Woche
- In dieser Woche liegt es an Ihnen, alle Elemente der vergangenen Wochen zu verbinden. Sie sollten Ihren Hund jeden Tag gedanklich erreichen und ein klares Signal von ihm als Reaktion erhalten.

Mögliche Probleme während des 8-Wochen-Kurses
Wenn einige Ihrer Kommunikationsversuche scheitern, denken Sie bitte nicht, dass Sie unbegabt sind. Die Gründe sind sehr oft einfach und die Probleme können behoben werden.

Die häufigsten Kommunikationsprobleme sind:
- Stress und Alltagsängste.

- Zu wenig Zeit, um die Übungen wirklich entspannt durchzuführen.
- Erfahrungsgemäß haben viele Menschen Angst vor der eigentlichen Tierkommunikation. Sie fürchten unbewusst ihre eigenen Fähigkeiten und die mögliche Verantwortung für solch eine Gabe.
- Eine weitere Blockade in der Kontaktaufnahme stellt der kürzliche Verlust eines geliebten Tieres dar. Wenn Sie bei den Übungen entspannen und Ihr Herz öffnen, kann es sein, dass Sie Trauer und Schmerz wieder verstärkt spüren.
- Auch physische Schmerzen wie ein Beinbruch oder Regelschmerzen schaffen Blockaden. Bei einer schwierigen Schwangerschaft rate ich von der Durchführung des Kurses ab.

Haben Sie mehr als die Hälfte des Kurses mit Erfolg gemeistert, gratuliere ich Ihnen. Sie haben bewiesen, dass Sie wirklich bereit sind zu lernen und diesen Weg zu gehen. Bleiben Sie mit einzelnen Übungen weiter »am Ball«. Sollten Sie weniger als vier Übungen mit einem Kontakt abgeschlossen haben, motivieren Sie sich und beginnen von neuem! Natürlich helfe ich Ihnen auch gerne persönlich in einem meiner Kurse. Diese bieten u. a. den Vorteil, dass ein Lehrer die Gesamtschwingung der Gruppe anhebt und die Teilnehmer mit weniger Anstrengung davon profitieren.

Um Ihre Gespräche auf allen drei Ebenen (Sehen-Fühlen-Sprechen) zu verbinden und zu perfektionieren, lade ich Sie zu den folgenden Übungen ein. Wenn Sie diese meistern, befinden Sie sich auf dem besten Weg, ein richtiger Tierkommunikator zu werden. Feinstoffliche Wesen wie Engel, geistige Führer und Lichtwesen können hier sehr unterstützend wirken. Bei Interesse finden Sie Übungen hierzu in Anhang B.

Die fünf Gebote der Tierkommunikation

Die fünf wichtigsten Regeln der Tierkommunikation, die sich für mich im Laufe der Jahre in meiner Praxis herauskristallisiert haben, möchte ich Ihnen hier beschreiben:

1. Verhalten Sie sich gegenüber allen Geschöpfen respektvoll und mitfühlend.

2. Ein Tier ist kein Mensch. Wenn Sie es wirklich verstehen wollen, müssen Sie durch seine Augen sehen, mit seinen Ohren hören und mit seinem Maul schmecken.

3. Telepathisch zu kommunizieren bedeutet, ein Dolmetscher zu sein. Ein Verhaltenstraining auf geistiger Ebene wird nicht betrieben.

4. Jedes Tier hat das Recht, frei zu entscheiden und seine Empfindungen auszudrücken. Als Tierkommunikator sollten wir Gespräche nicht schönfärben oder anpassen.

5. Die Seele eines Tieres ist frei. Sein Körper nicht. Geben Sie Tieren Freiheit und Raum, sich zu entfalten. Erkennen Sie die Wünsche des Tieres an und stellen Sie diese über die eigenen Bedürfnisse.

Die ganzheitliche Tierkommunikation

Während des Kurses haben Sie viel Wissen und Übung erlangt. Es ist an der Zeit, all diese Fähigkeiten zu verbinden. Ihren Hund endlich zu verstehen, die Gedanken hinter seinen Augen zu lesen und eine bessere Beziehung zu ihm herzustellen, mag Ihr Antrieb für diesen Kurs gewesen sein. Vor dem 8-Wochen-Kurs lag dies in weiter Ferne. Durch Übung und Konzentration sind Sie Ihrem Ziel bereits sehr viel nähergekommen.

Bitte führen Sie die folgenden Übungen erst nach dem Beenden des 8-Wochen-Kurses durch!

Sehen und Fühlen verbinden

Setzen Sie sich bequem auf einen Stuhl und halten Sie die Augen offen. Visualisieren Sie weißes Licht mit offenen Augen und stellen Sie sich vor, Sie würden gereinigt. Sollten Sie sich mit geöffneten Augen kein Licht vorstellen können, so arbeiten Sie nochmals mit der Prana-Atmung.

Haben Sie die Reinigung vollzogen, so gehen Sie in der Übung weiter: Nehmen Sie ein Foto Ihres Tieres in die Hand, schließen Sie die Augen und spüren Sie in den Tierkörper hinein. Dringen Sie, mit dem Einverständnis Ihres Hundes so weit in den Kopf des Tieres vor, bis Sie seine visuellen Eindrücke empfangen. Dies können zunächst Farben, Lichter oder Wahrnehmungen von Helligkeit oder Dunkelheit sein.

Versuchen Sie zu sehen, was Ihr Hund wahrnimmt, und dabei den Körper des Tieres zu spüren. Diese Kontaktaufnahme sollte nicht länger als zehn Minuten dauern.

Zum Beenden kehren Sie wieder zu Ihrem eigenen Atemrhythmus zurück. Entfernen Sie sich immer weiter von dem Tier, bis Sie am Ende gedanklich neben dem Hund stehen.

Hüllen Sie Ihren Freund und sich selbst in dunkelblaues Licht. Dies bietet Schutz und Rückzug nach solch einem intimen Erlebnis. Sie dürfen diese Übung niemals gegen den Willen des Tieres ausführen, denn dies käme einer Vergewaltigung gleich.

Einen Widerstand erkennen Sie daran, dass Sie Ihr Tier auf geistiger Ebene nicht fassen können, oder daran, dass sich Ihre Brust beengt anfühlt.

Ich begleite Sie nun weiter zu der Übung, die alle Ebenen endgültig verbindet.

Mit dem eigenen Hund sehen, spüren und sprechen

Zwischen der vorangegangenen und dieser Übung sollte mindestens ein Tag liegen.

Reinigen Sie sich mit dem Licht wie in der letzten Übung.

Halten Sie die Augen offen und entspannt, während Ihr Hund real vor Ihnen sitzt.

Konzentrieren Sie sich auf ihn und atmen Sie entspannt. Während des Atmens spüren Sie Ihren Körper, nicht den des Tieres. Bitten Sie ihn nun um ein Gespräch und die Bilder, die er wahrnehmen kann.

Sie können jetzt folgende Fragen in Gedanken stellen:

- Wie geht es dir?
- Was macht dir Freude?
- Kann ich dir einen Wunsch erfüllen?
- Hast du Schmerzen?

- Wer ist dein bester Freund?
- Was ist deine Lieblingsfarbe?
- Verrätst du mir deinen Seelennamen?
- Kennen wir uns aus einem früheren Leben?

Fragen Sie Ihren Hund, was Sie gerne wissen möchten. Versuchen Sie, offen für alle Antworten zu sein. Diese Antworten können aus Bildern, Worten, Gedanken oder einfach einem Gefühl in Ihrem eigenen Körper bestehen.

Sollten Sie Schmerzen empfinden, haben Sie keine Angst, es handelt sich hierbei um die Empfindung einer Frequenz, die spätestens nach einer Stunde verschwindet.

Wenn Sie das Gespräch beenden wollen, atmen Sie aus und richten Ihre Konzentration langsam wieder auf sich selbst. Bedanken Sie sich bei Ihrem Hund für das Gespräch.

Kann ich nach diesem Kurs als Tierkommunikator arbeiten?

Nein. Ein Mensch, der professionell in diesem Beruf arbeiten möchte, sollte eine fundierte Ausbildung durchlaufen. Den Kurs in diesem Buch habe ich so aufgebaut, dass er das Bestmögliche in einem Selbststudium erbringt. Leider haben Sie zu Hause nur wenig Feedback und können auf keinen Lehrer zurückgreifen, der Sie korrigiert und auf Fehler hinweist.

Der private Tierkommunikator möchte mit seinem Hund sprechen. Sie können unentgeltlich Freunden und Verwandten helfen. Vergessen Sie bitte nicht die bedürftigen Tiere in den Tierheimen und Auffangstationen. Sie können dort viel Trost und Liebe spenden.

Selbst wenn Sie jetzt nicht perfekt mit Tieren kommunizieren können, haben Sie ein größeres Verständnis für sie erlangt. Sie können besser für die Interessen der Tiere eintreten und deren Situation auf der Erde verbessern. Um hauptberuflich als Tierkommunikator arbeiten zu können, brauchen Sie folgende Voraussetzung: selbstverständlich eine fundierte Ausbildung.

Außerdem müssen Sie in der Lage sein, zu jedem Tier zu jeder Zeit ein Gespräch aufzubauen. Das bedeutet, dass Sie eine ablehnende Haltung des Tieres so weit besänftigen, dass es trotzdem mit Ihnen spricht. Weitere wichtige Voraussetzungen sind:

- In einer Notsituation sollten Sie sogar aus der Ferne mit dem Hohen Selbst und der Seele des Tieres in Kontakt treten können.
- Sie sollten die Aura und die Chakren sehen und dadurch Rückschlüsse auf Krankheiten und Disharmonien ziehen können.
- Sie sollten in der Lage sein, die Engel und geistigen Führer eines Tieres zu sehen und mit Ihnen zu sprechen. Dies kann bei lebenswichtigen Entscheidungen sehr wertvoll sein.
- Sie können Energiefelder harmonisieren oder beherrschen eine Heiltechnik (Reiki, Magnified Healing).
- Es sollte Ihnen leichtfallen, zu vermissten Tieren Kontakt aufzunehmen, und Sie können mindestens fünfzig Prozent dieser Tiere über Ihre Gabe zurückbringen.
- Sie können mit verstorbenen Tieren sicheren Kontakt aufnehmen und eventuelle Blockaden bei Mensch und Tier lösen.
- Sie sind sicher und souverän im Umgang mit Tieren und Menschen und es fällt Ihnen nicht schwer, auch auf schwierige Menschen zuzugehen.

- Sie beurteilen Menschen nicht, können sich aber andererseits gut gegen negative Energien schützen.
- Sie haben Ihre eigene Beziehung zu den Tieren geklärt und projizieren Ihre Probleme nicht auf die Klienten.
- Sie beherrschen die Kommunikation mit einem Tier mit geöffneten Augen und auch, während der Halter anwesend ist. Dabei können Sie das Energiefeld des Tieres spüren.
- Sie haben Spaß an Ihrer Arbeit und bilden sich selbst als Lichtwesen weiter.

Wann und wie kann ein Tierkommunikator einem Hund helfen?

Durch das sehr stark am Menschen angelehnte Verhalten und die Psychologie der Hunde kann ein Tierkommunikator bei diesen Wesen die individuellen Bedürfnisse des Hundes für den Halter übersetzen.

Die häufigsten Gründe, weswegen ein Tierkommunikator gerufen wird, sind Verhaltensprobleme, sehr oft verursacht durch Unklarheiten in der Rangordnung, psychische Probleme durch falsches Verhalten der Halter im Welpenalter des Hundes und Probleme mit so genannten »Kampfhunden«.

Nur wenige Menschen nehmen einen Tierkommunikator in Anspruch, um ein allgemeines Stimmungsbild ihres Tieres zu erhalten. Erfreulich ist, dass ich immer mehr Tiere auf eine Operation oder einen Besitzerwechsel vorbereiten darf. Alle Maßnahmen zur Schocklinderung sollten dabei ergriffen werden, um dem Tier damit nicht noch weiter zu schaden.

Eine Notfallapotheke, wie in Anhang D beschrieben sollte bei jedem verantwortungsvollen Hundehalter zu finden sein.

Den Körper Ihres Hundes fühlen – der Bodyscan

Der *Bodyscan* ist eine Methode zur hellfühligen Untersuchung eines Körpers. Sie nehmen dabei nicht nur Krankheiten wahr, die bereits nach außen sichtbar geworden sind, sondern Sie sehen auch feine Disharmonien, die gerade in den Organen im Entstehen begriffen sind. Dies wird in den Energiefeldern der Organe sichtbar.

In diesem Buch kann ich Ihnen eine grobe Vorstellung von der Funktionsweise des Bodyscans geben. Um diesen professionell anwenden zu können, müssen Sie ihn aber im Rahmen einer Tierkommunikationsausbildung erlernen.

Zur Klärung der Energiefelder und der inneren Reinigung meditieren Sie mindestens 15 Minuten vor der Kontaktaufnahme. Danach stellen Sie sich Ihren Hund vor Ihrem inneren Auge vor und versuchen, Ihre Atmung an seine anzupassen und sich nach und nach in ihn hineinzufühlen. Versuchen Sie, den Körper Ihres Hundes sehr genau von seinem Kopf bis zu seinen Pfoten oder seinem Schwanzende zu erspüren und möglichst die einzelnen Organe zu fühlen.

Versuchen Sie, die Verbindung zwischen Ihrem eigenen Körper und seinem Körper so zu verstärken, dass Sie mehr oder weniger seine Organe bei sich fühlen. Sollten Sie nun beim Scannen von bestimmten Organen ein unangenehmes Gefühl, Schmerzen oder Stechen spüren, haben Sie wahrscheinlich ein Problemfeld gefunden. Ich möchte noch einmal darauf hinweisen, dass diese Beschreibung eine sehr einfache und kurze Wiedergabe dessen ist, was bei einem tatsächlichen Bodyscan stattfindet. Sie dient zum Verständnis dieses Verfahrens.

Bei der Durchführung des Bodyscans fühlen Sie sich gezielt in jedes einzelne Organ des Hundes. Ihr Gefühl tragen Sie dann in eine Werteskala von 1 bis 5 ein. Hier stellt 1 den besten und 5 den schlechtesten Wert dar.

Rex, ein 6 Jahre alter Schäferhund, hat mir erzählt:
»Ich war sehr glücklich darüber, dass du in meinen Körper hineingefühlt hast. Ich bin endlich richtig von den Ärzten behandelt und von meinen Schmerzen befreit worden.«
Rex hatte sich einen Holzssplitter zwischen die Pfotenballen gespießt und die Stelle hatte sich entzündet. Weil der Holzssplitter gewandert und eingewachsen war, konnte die Wunde nicht heilen.

7. Verhalten und Erziehung

»Hunde sind Gottes Ausdruck, Glück zu beschreiben.«

Anonym

Zunächst möchte ich darauf hinweisen, dass mir das Wort Erziehung für Hunde eigentlich ein Gräuel ist. Sie stellt sicherlich eine Notwendigkeit dar, da der Hund lernen muss, sich unserem menschlichen Rudel anzupassen. Wenn wir vom Welpenalter an eine für unseren Freund verständliche Sprache sprechen, wird eine spätere Hundeerziehung im klassischen Sinn hinfällig. Er wird wie selbstverständlich in unsere Welt hineinwachsen und uns begleiten.

Einen Hund erzieht man in der Regel, indem man Befehle erteilt, die unsere Wünsche für ihn verständlich machen. Dies bedeutet aber nicht, dass unsere Gedanken in der Sprache des Hundes ankommen, im Gegenteil. Er erlernt Verhaltenscodes und orientiert sich an Belohnung und Bestrafung.

Haben Sie schon einmal die Hunde von Obdachlosen beobachtet? Natürlich ernten sie zuerst einmal unser Mitgefühl, weil sie keine schönen, weichen Kissen besitzen oder hochwertiges Futter bekommen. In der Regel sind diese Hunde aber hochsozial und selbstständig. Sie tolerieren andere Hunde, bewachen ihren Rudelführer und laufen ohne Leine.

Ein Hund, der hingegen in eine durchschnittliche Familie hineinkommt, muss von der Welpenschule bis zum Agility Training einiges durchmachen, damit er so sozial werden kann wie dieser Obdachlosenhund. Der Grund dafür, dass der Familienhund erst geschult werden muss, liegt darin, dass man mit ihm die falsche Sprache spricht. Der vierbeinige Familienfreund mit den großen Augen ist nicht nur ein Rudelmitglied, sondern auch ein Tröster, Partner und engster Vertrauter. Außerdem soll er sich wie ein »guter Hund« benehmen. Viele Probleme würden gar nicht entstehen, wenn wir von Anbeginn an sehr klar mit unseren Hunden umgehen würden.

Das Hundetraining muss immer auf den Charakter eines Hundes abgestimmt werden. Ich bin froh, dass der Trend in der Hundeerziehung in Richtung Kommunikation und partnerschaftliches Training geht. Zuerst ist es wichtig zu wissen, warum sich ein Hund so verhält. Fast alles, was in der Hundepsychologie gelehrt wird, stammt nicht von Hunden selbst. Menschen interpretieren etwas in ein Tier hinein, oft aus Hilflosigkeit.

Stellen Sie sich vor, Sie zeigen einem kleinen Mädchen die Welt. Sie bleiben an jeder Ampel stehen, sprechen mit ihm und gehen dann weiter. Sie lassen es seine eigenen Versuche machen, z. B. wie viel es essen kann. Das kleine Mädchen wird durch Zusehen und Ausprobieren lernen. Sie sind durch Ihre Liebe und Geduld mit ihm wie mit einem inneren Band verbunden und das Kind fühlt mit Ihnen. Ich spreche von einem normalen, glücklichen Kind.

Jetzt stellen Sie sich bitte einen Welpen vor. Er kann Ihre Gefühle, Ihre Gedanken und Wünsche von klein auf empfangen. Er kann seit seiner Geburt »kommunizieren«, er ist offen für ein telepathisches Gespräch, auch wenn er noch nicht alles exakt übersetzen kann. Ebenso wie er weiß, dass ihn seine Mutter und die anderen Welpen spüren und verstehen, geht er davon aus, dass Sie es auch tun. Er kommuniziert mit Ihnen. Vielleicht nicht perfekt, aber immerhin genauso, wie er den anderen Tieren um ihn

herum Signale sendet. Er erwartet, dass Sie ihn verstehen!
Stattdessen beginnen Sie nach kurzer Zeit, ein wildes Kau-
derwelsch aus menschlicher Sprache und Verhalten an
den Tag zu legen. Was viel tragischer ist, Sie sprechen
nicht seine Sprache. Wenn ich in diesem Buch von Befeh-
len Ihrem Hund gegenüber spreche, meine ich »Bitten«.
Wenn ich von Erziehung spreche, ist eigentlich »Team-
work« gemeint und Bestrafung gibt es für mich nicht.
Wenn Sie an Stelle einer Bestrafung einfach Traurigkeit
senden, ist dies für Ihren Hund verständlich.

Hunde begreifen alles, wenn sie nur wollen. Ich halte
sehr viele der klassischen Hundetrainingsmethoden für
überholt. Ich arbeite gerne mit Blütenmischungen und
Homöopathika, um seelische Schmerzen und Schocks zu
lösen. Erst dann führe ich ein Gespräch und beginne mit
dem Hund zu arbeiten. Selbst schwer traumatisierte Hunde können klar gesendete Gefühle und Fragen einordnen.
Bei solchen Hunden ist zu Beginn der Sitzungen ein ver-
ändertes Verhalten des Halters notwendig. Er muss dem
Hund anders begegnen. Ich rate meinen Klienten, Yoga
oder Atemübungen zu machen, bevor sie mit ihrem Tier
in eine Sitzung kommen. Sie fühlen sich anders und der
Hund bekommt viel mehr energetischen Raum. Wenn der
Halter genug Feingefühl für sein Tier hat, gibt er seinem
Tier mehr Freiheit und dies wiederum bildet eine gute Ba-
sis für Veränderungen.

Sie müssen einen Ort der Verständigung schaffen. Dieser Raum ist etwas sehr Intimes, das nur Sie und Ihren
Hund betrifft. Nur Sie beide halten sich dort sowohl physisch als auch spirituell auf. Einer achtet und respektiert
den anderen.

Ich habe einen Terrier kennen gelernt, der so lange aggressiv die Passanten im Treppenhaus durch die Tür an-

gebellt hat, bis er im Flur einen Korb hatte und sich dadurch sicher fühlte. Ein Spitz wollte lieber an der Leine gehen als ohne und brauchte so nicht mehr bei jeder Kleinigkeit loszubellen. Er sagte, er fühle sich so geschützt. Ihr Hund muss nicht menschengerecht leben. Er möchte hundgerecht leben und so sein Leben mit Ihnen teilen.

Mein vierbeiniger Liebling Mercucio und ich haben uns von Anbeginn unseres gemeinsamen Lebens darum bemüht, ein Gleichgewicht zu halten. Er zwickte mich aus Versehen, ich ihn als Dank dafür auch. Er zerlegte meine kostbaren Bildbände und sein Lieblingsspielzeug wanderte durch die 60° Wäsche. Wir haben uns schnell arrangiert. In diesem Fall war keinerlei Reue unter seinen Falten auszumachen, nur ein wohliges Prickeln in meinem Bauch, das bedeutet, dass Mercucio lacht.

Einmal verabredete ich einen Termin bei einer bekannten Hundetrainerin. Brav saßen wir beide in ihrer Praxis und Mercucio brütete still vor sich hin und übte sich in unauffälligem Lauschen. So, wie er, versteht jeder Hund ein Gespräch unter Menschen, wenn sie klare Schwingungen senden. Ich sprach davon, dass ich gerne mit ihm auf einer Hundewiese Kommandos wie Sitz, Platz etc. üben würde. Zu dritt standen wir wenig später auf einer feuchten Wiese. Tapfer widersetzte er sich jedem Erziehungsversuch, auch mit Leckerchen, indem er einfach nichts tat. Möpse sind in der Regel sehr reinliche Hunde, die um ihr Geschäft und das von anderen Hunden einen weiten Bogen machen. Der Gesichtsausdruck sprach hier für sich. Da stand er stolz und unnachgiebig auf einer Hundewiese mit allen ihren typischen Merkmalen. Um nichts in der Welt hätte er sich hingesetzt.

Nach diesem Termin durchlebten wir zwei goldene Wochen. Ein aufmerksamer, leiser, »artiger« Mercucio bot sich mir, wie ich ihn nicht kannte.

Gewaltfrei bringt mehr!

Sicher werden Sie jetzt denken, wer Gewalt gegenüber seinem Hund ausübt, liest kein Buch über Tierkommunikation. Was ist denn eigentlich Gewalt gegenüber einem Tier? Wie definieren wir sie? Wo endet Erziehung und wo beginnt Gewalt?

Das Leben als Kettenhund ist sicherlich von Gewalt geprägt, leidet das Tier doch erbärmlich darunter, dass es sich nicht wehren kann und wenige soziale Kontakte hat. Für sensible Tiere ist auch ein Leben im Vorgarten isoliert und traurig. Gewalt muss nicht immer in Form von Schlägen erfolgen. Vertrauensmissbrauch durch unregelmäßiges Füttern, wenig Nähe und unklares Verhalten dem Hund gegenüber fügen ihm ebenfalls Schmerzen zu. Wenn ich Anrufe erhalte, in denen mich »Hundefreunde« bitten, in einem Gespräch ihrem Tier mit Elektroschock oder Einsperren zu drohen, lehne ich dies ab. Hunde reagieren nicht gerne aggressiv. Sie möchten mit ihrem Menschen zusammen sein und akzeptiert werden.

In all den Jahren habe ich nie erlebt, dass ein Hund mit Schlägen oder Bestrafungen wirklich Veränderung erfahren hätte. Bestenfalls hat er gelernt, etwas aus Angst nicht zu tun und einen Impuls zu unterdrücken. In ihrem natürlichen Umfeld lernen Hunde über Erfolg und Zuwendung. Sie wollen dazugehören und Liebe erfahren. Brechen wir den Willen eines Hundes, hat er nicht wirklich etwas gelernt, er hat sich nur gefügt. Bei einem Hund, der nur durch Angst ein gewisses Verhalten gelernt hat, kann man nie wissen, ob er nicht plötzlich ausbrechen würde, um seinen Trieben nachzugehen.

Learning by Doing

Ein gutes Training bzw. Lernverhalten beginnt nicht auf dem Hundeplatz, es beginnt im Alltag. Es bringt wenig, mit seinem Vierbeiner zweimal die Woche auf einen Hundeplatz zu fahren und dort zu üben. Viele meiner Klienten haben sich nach der Arbeit abgehetzt, um noch schnell in die Hundegruppe auf den Platz zu kommen. Voller Stress wurde der Hund geholt und ächzend kam man auf dem Platz an. Ihr Hund sollte nun schnell umschalten und verstehen, dass die Lernstunde gekommen war. Die meisten Hundehalter waren in Gedanken, wie sie mir schilderten, schon wieder beim Einkaufen oder ihrer Arbeit. Natürlich spürt Ihr Hund, wenn Sie nicht wirklich da sind.

Ich bin auf einen Hundeplatz gegangen und habe einige von den Hunden dort »interviewt«.

Sulky, eine Barsoidame, erzählte:
»Es ist toll hier, ich kann mit anderen Hunden spielen und mein Frauchen sieht mir zu. Leider machen wir das nur einmal die Woche.«

Benji, ein Boxer, berichtete:
»Mein Herrchen denkt ständig an seine Arbeit, sogar wenn wir üben. Immer macht er sich Sorgen um sein Geld.«

Martha, eine Dackeldame, teilte mir mit:
»Ich würde viel lieber alleine in den Wald gehen. Hier bin ich ständig unter Beobachtung, das mag ich nicht.«

Bitte verstehen Sie mich nicht falsch, Hundeplätze sind für Stadthunde wichtig. Auf dem Hundeplatz kann ein

Hund ein gesundes Rudelverhalten erlernen. Da Sie sein Rudel sind, sollten Sie zumindest dort auf allen Bewusstseinsebenen anwesend sein. Wenn Sie dies schaffen, bauen Sie eine ständige innere Verbindung zu Ihrem Hund auf.

Ich werde nie die Aufzeichnung einer Fernsehsendung vergessen, während der ich mit stark trainierten Hunden in einer Hundeschule Kontakt aufnehmen sollte. Der Moderator brachte mich vor Ort zu drei Hunden und stellte mir Fragen zu ihnen. Ihre Halter waren im selben Raum. Es war schlichtweg unmöglich. Die Tiere waren so fixiert auf die Taschen und Hände ihrer Bezugspersonen, dass sie mir gar nicht zuhörten. Sie wollten nur gefallen und ein Leckerchen bekommen. Ihre Persönlichkeit war nicht mehr zu erspüren. Sie waren übertrainiert. In diesem Fall kann keine ehrliche Nähe mehr stattfinden. Das Vertrauen wird dann durch einen Hundekeks ersetzt.

Nachstehend möchte ich Ihnen die häufigsten Übungen in der Hundeerziehung in einem neuen Licht vorstellen.

Grundlage dieser Arbeit ist meine Entwicklung der »goldenen Leine«. Während einer Trainingsstunde in Los Angeles kam mir die Idee der goldenen Leine. Diese Leine stellt eine ständige innere Verbindung vom Menschen zum Hund dar. Auch mehrere Familienmitglieder können gleichzeitig eine solche Verbindung zu ihrem Tier halten.

Die Leine wird über eine liebevolle Verbindung in die Ebene des Hohen Selbst gebildet, wo sich das Überbewusstsein aller Wesen befindet. In dieser Ebene vertrauen und respektieren wir einander grenzenlos. Das Hohe Selbst jedes Einzelnen steuert viele Alltagshandlungen und emotionale Impulse. Es transportiert auch Informationen der Seele in das Hier und Jetzt eines Wesens. Nachdem diese

Verbindung durch eine Meditation für den Menschen sichtbar wird, schaffen wir eine Verbindung auf der Alltagsebene. Hier stellt die deutlich sichtbare und spürbare goldene Leine ein Synonym für Ihre liebevolle Bindung dar. Ich rate dazu, auch ein kleines goldenes Schleifchen am Halsband oder am Griff der Leine anzubringen, um sich zusätzlich daran zu erinnern.

Das von mir in vielen Stunden entwickelte Kommunikationsmodell besteht aus drei Bausteinen. Ich habe hinter die einzelnen Übungen auch die homöopathische Typisierung notiert. Sie steht hier für ein extremes Beispiel des Verhaltens.

Grunderziehung – Mitgefühl

Was braucht ein Welpe, um ein glücklicher und zufriedener Hund zu werden? Liebe, Aufmerksamkeit und starke Nerven. Bekommen Sie einen kleinen Hund, sollte er mindestens 8 bis 12 Wochen alt sein. Ich habe sehr viele Hunde leiden gesehen, weil sie zu früh von ihrer Mutter getrennt wurden. Besuchen Sie das kleine Wesen und machen Sie sich mit ihm vertraut. Versuchen Sie Ihre Freude über das süße Aussehen und die linkischen Bewegungen im Zaum zu halten und ein Gefühl für den Charakter zu bekommen. Verstehen Sie die Kindheit des Hundes als etwas sehr Wichtiges. Viele Hunde aus meiner Praxis leiden an einer unglücklichen Kindheit.

Wir Menschen machen häufig den Fehler, zu denken, das Leben eines Welpen würde erst in seiner Zweitfamilie beginnen. Also mit Ihnen. Den Begriff Erstfamilie benutze ich für seine Hundefamilie. Die wenigsten Tiere haben eine enge Beziehung zum Vater. In der Natur ist dieser mit Jagen und Reviersichern beschäftigt. Die Hundemutter spielt eine sehr wichtige Rolle. Von einer wirklich gesunden Kindheit spreche ich bei einem Hund nur, wenn er in einem Rudel aufgewachsen ist und sich mit dem Heranwachsen vom Rudel entfernt hat. Zugegeben, solche Tiere sind sehr selten. Achten Sie von Anfang an darauf, dass Ihr Hund seinen eigenen Platz bekommt. Es soll ein Ort des Rückzugs sein, von dem aus er alles beobachten kann. Auch Kälte und Zugluft sind zu meiden. Ein Hausflur oder Durchgangszimmer ist denkbar ungeeignet. Dort kommt Ihr Tier nicht zur Ruhe.

Vorschläge für ein glückliches Welpenleben

- Bringen Sie dem Welpen durch zärtliche Massagen bei (das Aura-Soma-Öl Sternenkind eignet sich hierfür gut), sich auf dem Rücken sicher zu fühlen.
- Hochwertige Nahrung legt den Grundstein für ein gesundes Wachstum.
- Spielzeuge sind aus Naturkautschuk und ohne künstliche Weichmacher.
- Führen Sie die notwendigen Impfungen durch. Lassen Sie das Tier zeitgleich entgiften.
- Gehen Sie auf einen Welpenspielplatz, da viel Kontakt mit anderen Hunden ihn sicher im Umgang werden lässt.
- Reißnägel und Gummibänder etc. auf dem Boden sind tabu.
- Ein Geschirr ist am Anfang besser als eine Leine, es übt weniger Druck aus.
- Nehmen Sie ein Geschirr, das gut passt und noch etwas mitwächst. Bis Ihr Hund erwachsen ist, braucht er ca. drei Geschirre.

- Regelmäßiger Schlaf und Ruhezeiten sind wichtig. Respektieren Sie diesen Wunsch.
- Zerren Sie nicht an dem süßen Kerlchen herum.
- Das Welpen-Set:
  - Bachblüten-Notfalltropfen:
    bei Angst, langem Schreien oder Schocks je 3 bis 5 Tropfen in die Ohren massieren.
  - Aura-Soma-Balance-Öl Sternenkind:
    zur Massage verwenden. Lindert den Geburtsschock und die Trennung vom Wurf.
  - Aura-Soma-Pomander, rosa oder gold:
    erzeugt ein Feld von Liebe und Schutz in der Aura.
  - Eine kleine Nachtmusik von Mozart:
    sehr leise im Hintergrund gespielt, beruhigt es viele Tierkinder und lässt sie Verbindung mit ihrem Hohen Selbst aufnehmen (die Schwingung reinigt den Raum und der Welpe hat mit anderen Bewusstseinsanteilen Kontakt).
- Evtl. mit Weihrauch einmal pro Woche die Räume energetisch reinigen. Ihr Tier profitiert davon, denn Belastungen werden gelöst.
- Eine Hundehaftpflichtversicherung, sie ist günstig und deckt von Ihrem Hund verursachte Schäden.

Wie erkenne ich den richtigen Hund für mich?

Ganz einfach, er wird zu Ihnen geführt. Es ist ein absolut sicheres Gefühl, das Ihnen sagt: Diese kleine Hündin ist es!

Genau wie Menschen füreinander bestimmt sind, sind es auch Tiere und Menschen. Wir haben Aufgaben angenommen, für die wir uns vor diesem Leben entschieden haben. Dasselbe geschieht bei Tieren. Sie entscheiden sich für den Platz mit der größten Wachstumsmöglichkeit. Lassen Sie in einer Gruppe von Welpen einen auf sich zukommen. Feste Vorstellungen von Farbe, Charaktereigenschaften oder Intelligenz sollten Sie nicht haben. Sie können auch einige Tage vor dem Termin meditieren und darum bitten, das Tier zu finden, das zu Ihnen möchte.

Es gibt keine Rasse, die ich Ihnen ans Herz legen möchte. Vielmehr rate ich dazu, einem Heimtier oder einem Wesen, das einen neuen Platz sucht, zu helfen. Natürlich finde ich Babyhunde wundervoll. Sie sind einigermaßen leicht von unserem Willen und Charakter zu prägen und wir müssen uns nicht auf eine vollendete Persönlichkeit einlassen. Wenn Sie genügend Kraft und Zeit haben, nehmen Sie einen älteren Hund. Erlösen Sie ihn aus seiner Traurigkeit. Wenn Sie sich im Klaren sind, dass Sie genügend Zeit für den Hund haben, und mit einer inneren Haltung aus Großzügigkeit, Respekt und Toleranz an einen erwachsenen Hund herantreten, werden Sie wirklich belohnt. Es wird Ihnen sehr viel Kraft von Gott zufließen und Sie werden viele Dinge anders sehen.

Es gibt viele Hunde mit Seelenanteilen (siehe Anhang), die einiges an Karma mit sich tragen. Dazu gehören Erlebnisse und Taten in früheren Leben, die Leid verursacht haben. Sehr oft waren diese Schmerz verursachenden Anteile im letzten Leben als Mensch inkarniert. Dieses erzeugte Karma wird mit in das nächste Leben genommen. Wenn es sehr schwer war und sich im früheren Leben gegen ein Tier gerichtet hat, wird dieser Anteil im nächsten Leben in einem Tier inkarnieren. Sie erkennen diese Hunde an auffallend menschlichen Augen. Sinn und Zweck ist es, das erzeugte Leid selbst zu spüren. Wenn Sie einen solchen Hund zu sich nehmen, lösen Sie Karma. Es sind Hunde, an die niemand mehr glaubt, die alles verloren haben. Kommt ein Mensch und gibt diesem Tier Liebe und Gnade, wird als Dank viel Karma auf beiden Seiten gelöst. Auch der Halter eines solchen Hundes kann auf einmal mehr spüren und wächst über sich hinaus.

Wie Sie die magische goldene Leine erzeugen

Schließen Sie die Augen und begeben Sie sich in die Prana-Atmung. Nach zehn Minuten gehen Sie in eine normale Atmung über. Stellen Sie sich vor, Sie sitzen Ihrem Hund gegenüber. Jetzt malen Sie in Gedanken eine goldenen Linie von Ihrem Steißbein zu seinem. Sie sollten sich sanft gehalten fühlen. Wenn Sie diese Linie deutlich sehen können, verlängern Sie sie in Gedanken von Ihrem Steißbein über Ihren Rücken bis zu einem Punkt hoch über Ihrem Kopf, der zwischen Ihnen und Ihrem Tier liegt. Dann lassen Sie vom Steißbein Ihres Hundes ebenfalls eine goldene Linie dorthin fließen.

Wenn Sie diese Verbindung klar und deutlich spüren können, spüren Sie in Ihr Herz. Lassen Sie Liebe in Ihr Herz fließen, die zu einem goldenen Band wird. Dieses Band fließt zur Schnauze Ihres Hundes. Er kann es ergreifen, wenn er möchte. Zwingen Sie ihn bitte nicht. Auf dieser Ebene ist er vollkommen frei. Wenn Sie das Bild klar vor Augen haben, kommen Sie zurück. Ihre goldene Leine ist nun etabliert. Hat es beim erstem Mal nicht funktioniert, probieren Sie es ein andermal. Vielleicht war es noch nicht an der Zeit.

An der Leine laufen

Die Leinengewöhnung ist nicht schwierig. Da Ihr Hund alles Neue spannend und interessant findet, läuft er in der Regel auch von Anfang an mit der Leine. Zu einem Problem kommt es, wenn der allererste Leinengang nicht sinnvoll und bewusst gesteuert wird. Jeder Hund möchte an der Leine weiter seine eigenen Wege gehen und eigene

Ziele ansteuern. Wenn er es schafft, seinen geliebten Menschen am Ende der Leine mit sich zu nehmen und an dem Ort seiner Begierde schnüffeln zu können, ist er glücklich. Er hat durch die Leine seinen Spaziergang selbst geführt.

Das Ziehen an der Leine ist aus Sicht eines Hundes eine Belohnung. Der Halter versucht, ihn zu beschwichtigen und mit leisen Worten zu beruhigen. Der Hund deutet dieses Verhalten auch ohne die goldene Leine als Zuwendung, die ihm gut gefällt. Mit der goldenen Leine gelangen Sie zu einem Punkt, an dem Sie über Atmung und Entspannung die Kraft haben, Ihren Hund zu führen. Sie helfen damit Ihrem Hund, denn wenn er an der Leine zieht, verspannen sich sein gesamter Nacken und der obere Brustbereich.

Bei Hunden, die von Natur aus etwas stürmischer sind, kann ich Ihnen ein Hundegeschirr empfehlen. Achten Sie darauf, dass es leicht ist und einen Waschgang übersteht. Haben Sie einen kleinen Leinendrängler, legen Sie am besten auch die geliebte Flexileine weg. Sie konditioniert Ihren Hund perfekt auf das Ziehen, da er dadurch mehr Lauffreiheit bekommt. Leinen von ca. zwei Meter Länge sind am besten geeignet. Die Leine sollte über einen Haken auf einen Meter zu verkürzen sein. Bitte kaufen Sie Qualitätsware, die gut verarbeitet ist.

Ziel ist es, mit Ihrem Hund an lockerer Leine Gassi zu gehen. Der eine soll den anderen spüren.

Übung zum An-der-Leine-Gehen

Beim nächsten Mal, wenn Ihr Hund an der Leine zieht, bleiben Sie einfach stehen. Ihr Hund wird sich zuerst wundern, vielleicht eine Weile stehen bleiben.

Gehen Sie erst weiter, wenn die Leine wieder locker ist. Zieht Ihr Hund erneut, so bleiben Sie wieder stehen. Dreht er den Kopf und sieht Sie an, rufen Sie ihn mit liebevoller Stimme, gehen Sie in die Knie und liebkosen Sie ihn.

Zieht Ihr Hund an der Leine, rate ich Ihnen außerdem, deutlich »Stopp« zu sagen. Daraufhin soll er zu Ihnen kommen, Sie locken ihn mit süßer Stimme. So wird Spannung aus der Leine genommen. Läuft Ihr Hund dann entspannt weiter, belohnen Sie ihn mit liebevollen Komplimenten. Üben Sie sich in Geduld und halten Sie durch. Es lohnt sich.

Sitz

Für Hunde mit sehr starkem Charakter bedeutet der Befehl »Sitz« immer eine Erniedrigung. Viele Vierbeiner entwickeln Antigesten wie Gähnen, Kopfdrehen oder Abschütteln als Zeichen ihrer Missbilligung. Mein schwierigster Fall war ein Cockerrüde, der sich zwar hingesetzt, aber gleichzeitig markiert hat.

Der Befehl zum Sitzen bedeutet immer den Verweis auf einen Platz. Steht dieser Platz für Sicherheit und Ruhe, wird er gerne angenommen. Sich zu setzen bedeutet, zur Ruhe zu kommen, beschützt zu werden und in die Beobachterposition zu gehen. Wenn Ihr Hund »Sitz« ablehnt, konnten Sie ihm noch nicht das Schöne daran vermitteln. Vielen Hunden fällt es schwer, sich zu setzen, wenn ihre Menschen sehr unruhig sind. Der Hund hat dann das Bedürfnis, zu stehen und in Habt-Acht-Stellung zu verweilen. Er kann nicht loslassen. Auch sehr zarte und sensible Hunde sitzen nicht gerne; sie fühlen sich im Stand sicherer. Leider werden diese Tatsachen im klassischen Hundetraining wenig beachtet. Verschiedene Hunde haben mir außerdem mitgeteilt, dass sie bestimmte Untergründe ablehnen, z. B. kalte Fliesen oder Parkett.

Ich habe viele Pferde als Patienten und nehme meinen Mops Mercucio zu diesen Terminen mit. Bekannt ist er vor allem im Winter, wo er halb auf dem Heu hockend versucht, möglichst wenige Körperstellen mit dem Boden in Berührung zu bringen. Er legt das Gewicht auf die Vorderpfoten und belastet abwechselnd ein Hinterbein. Dieses vierte Bein wird so weit wie möglich über dem Boden gehalten. Dann sitzt ein Mops auf drei seiner Pfoten und wärmt abwechselnd die vierte. No comment!

Übung zum Sitzen

Die ersten Sitzversuche sollten zu Hause stattfinden. Sie sollten wenn möglich, nicht direkt nach dem Essen gemacht werden. Ihr Hund hat dann wahrscheinlich weniger Appetit und findet das Leckerchen als Anreiz nicht besonders begehrenswert.

Nehmen Sie einen richtig tollen Leckerbissen und zeigen Sie diesen Ihrem stehenden Hund. Halten Sie ihn gut sichtbar zwischen Daumen und Zeigefinger. Ist das Interesse geweckt, sollte der Hund nach oben sehen und sich auf die Belohnung konzentrieren. Wenn ein Hund sehr weit nach oben blickt, senkt sich sein Hinterteil in der Regel automatisch. Dies ist Ihre Chance. Sie sollten dabei freundlich mit ihm sprechen. Setzt er sich, sagen Sie kurz bevor er den Boden berührt: »Sitz.« Erst dann bekommt er die heiß ersehnte Belohnung.

Natürlich müssen Sie dies einige Male üben. Vielleicht haben Sie auch einen sehr schlauen Hund, der mit einem gezielten Sprung seine Belohnung schon vor dem »Sitz« erhaschen möchte. Hier müssen Sie schneller sein und die belohnende Hand sollte hinter Ihrem Rücken verschwinden. Schafft Ihr Hund das »Sitz« nicht und bleibt mit seinem Po in der Luft, belohnen Sie auch dies. Sie sollten dann versuchen, ihn immer weiter nach unten zum Sitzen zu bringen.

Platz

Viele Hundefreunde unterscheiden nicht präzise zwischen »Sitz« und »Platz«. Platz bedeutet, dass das Tier sich entspannen und vertrauen kann. Es heißt so viel wie »Leg dich hin und ruh dich aus, ich achte auf dich, dir wird nichts passieren«. Platz bedeutet für den Hund, aus der Position Sitz noch weiter nach unten zu gehen, den Kopf zwischen die Pfoten zu legen und zu entspannen. Bei »Platz« liegt der Hund also, bei »Sitz« befindet sich nur sein Hinterteil auf dem Boden. »Sitz« bedeutet ein aufmerksames Abwarten und leichte Entspannung, Platz heißt hingegen ganz loszulassen.

Ich finde das Kommando »Platz« schwierig. Es versucht, die Aufmerksamkeit des Hundes einzuschränken und ihm zu suggerieren, Vertrauen zu haben. Ist diese Vertrauensbasis zum Halter nicht gegeben, macht der Hund nur ungern »Platz«. Er sträubt sich und möchte sich schützen. Wehrt sich ein Tier regelrecht gegen diese Position, ist dies ein klares Zeichen. Ich arbeite hier nicht weiter, sondern stärke erst die Beziehung zu seinem Menschen. Eine der einfachsten Übungen ist, sich zu dem Tier auf den Boden zu setzen und ihn zu liebkosen. Wenn er entspannt und sich schließlich hinlegt, können Sie ihm langsam folgen. Unsichere Hunde richten sich beim Niederlegen des Menschen wieder auf und setzen sich.

Übung zum Platz-Machen

Beginnen Sie mit dieser Übung am besten zu Hause. Ihr Hund sollte sich bereits im »Sitz« befinden. In Ihrer rechten Hand halten Sie für den Hund gut sicht- und riechbar eine Belohnung. Er sollte sich auf den Geruch der Belohnung konzentrieren. Jetzt bewegen Sie die Hand langsam zum Boden, Ihr Hund sollte der Bewegung folgen und den Kopf zwischen die Pfoten sinken lassen. Kurz bevor er auf dem Boden ankommt, sagen Sie »Platz«. Loben Sie ihn durch Streicheln und freundliche Worte.

Nicht jeder Hund versteht sofort, was Sie wollen. Aus seiner Sicht wünschen Sie sich »Instant»-Vertrauen und Entspannung. Deshalb kann es eine Weile dauern, bis er Ihnen folgt.

Das Beste an dem Wünschen von »Platz« ist, dass wir Menschen lernen, unserem Vierbeiner das Gefühl von Vertrauen und Sicherheit zu vermitteln.

Bleib

Das Kommando »Bleib« ist wichtig, wenn sich Ihr Hund nicht weiterbewegen soll, z. B. an einer stark befahrenen Straße, oder wenn er in eine Situation gerät, mit der er ohne Ihre Hilfe nicht umgehen kann. »Bleib« heißt »Warte, bis ich komme, ich bin gleich bei dir, um zu helfen«.

Viele Hundetrainer nutzen den Ausdruck »Bleib« auch, um ein Kommando aufzulösen. Es ist wichtig, das Tier aus der direkten Aufmerksamkeit zu erlösen, z. B. nach dem erfolgreichen »Sitz« zu belohnen oder zu streicheln.

Übung zum Bleiben

Gehen Sie mit Ihrem Hund spazieren. Vergessen Sie nicht, Ihre »goldene Leine« zu spüren. Nun sagen Sie: »Stopp«, oder ein anderes Kommando, das für Sie ein sofortiges Einstellen aller Aktivitäten bedeutet. Bleibt Ihr Hund dann stehen, sagen Sie: »Bleib.« Das »Bleib« kann auch von einer leicht erhobenen Hand, einer gezeigten Handfläche begleitet werden. Wenn Sie bei ihrem Hund angelangt sind, belohnen Sie ihn mit einem Leckerchen.

Komm

Das Kommando »Komm« ist immer mit Liebe verbunden. Es bedeutet: »Komm her, ich will dich in den Arm nehmen, du bist der tollste Hund der Erde.« Mit genau diesem Gefühl müssen Sie das »Komm« üben.

Übung zum Kommen

Für das »Komm« rufen Sie Ihren Hund. Wenn er am Anfang nur stehen bleibt und den Kopf zu Ihnen wendet, wiederholen Sie das Kommando. Eine gut sichtbare Belohnung in Ihrer Hand ist hilfreich.

Wichtig ist, dass Sie ihm keinesfalls hinterher-
laufen, wenn er Sie nicht hört. Es handelt sich oft um
ein kleines Machtspiel. Wenn Sie die Aufmerksamkeit Ihres Hundes haben, gehen Sie in die Hocke
und belohnen ihn.

Selbst wenn Ihr Hund keinerlei Kommando be-
herrscht, das »Komm« muss er befolgen.

Bei Fuß

Dieser Wunsch bedeutet übersetzt: »Bitte geh nicht zu weit
weg, bleib in meiner Nähe.« Er kann in Einkaufszentren,
Flughäfen oder stressigen Situationen sehr hilfreich sein.
Diese Übung benötigt eine starke ausgeprägte »goldene
Leine«. Stellen Sie sich vor, mit Ihrem Hund in einem un-
sichtbaren Kreis zu laufen. Aus diesem Kreis bewegt er
sich selbst in gefährlichen Situationen oder wenn Sie rennen müssen, um einen Bus zu erreichen, nicht hinaus.

Von vielen Menschen wird dieses Kommando als ein
Nichtzerren an der Leine interpretiert. Dies trifft nicht
zu. An der Leine darf Ihr Hund frei schnuppern und erkunden, solange er nicht zieht. Er kann sich auch einmal
weiter wegbewegen. »Bei Fuß« bedeutet, im engen Energiefeld des Menschen zu bleiben.

Übung zum Bei-Fuß-Gehen

Diese Übung führen Sie anfänglich am besten in Ihrer Wohnung durch. Nehmen Sie eine Belohnung in
Ihre rechte Hand. Ihr Hund sollte diese deutlich
wahrnehmen können. Ihr Hund ist in der »Sitz«-

oder »Bleib«-Position. Sie klopfen nun mit der rechten Hand auf Ihren Oberschenkel und beginnen zu gehen. Ihr Hund sollte Ihnen auf der rechten Beinseite eng folgen. Er möchte ja die Belohnung haben. Hat er dies einige Augenblicke durchgehalten, lassen Sie ihn sitzen und geben ihm die Belohnung. Sie sollten diese Übung sehr oft, ca. 20-mal in der Woche, bei kleinen und großen Gelegenheiten durchführen. Sie wird immer normaler. Nach einer Weile sollte das Klopfen auf den Oberschenkel zusammen mit den Worten »Bei Fuß« die Belohnung ersetzen.

Es empfiehlt sich, einen kleinen Parcours zu bauen, durch den Sie Ihren Hund am Bein geführt lenken. In Gedanken können Sie Ihren Hund mit in Ihre innere Aura nehmen und ihn zusätzlich im »Bei Fuß« schützen. Dies geschieht, indem Sie sich durch Atmung sammeln und darum bitten.

Stopp

Das Kommando »Stopp« kann ein wirklicher Lebensretter sein, wenn Ihr Hund jagt, auf die Straße rennt oder in eine Revierstreitigkeit gerät. Das »Stopp« nutzt dasselbe Handsignal wie das »Bleib«, nämlich die geöffnete, gut sichtbare Handfläche. Sie können das »Stopp« an Stelle von »Bleib« zum wichtigsten Signal machen. Es sollte dann mit stärkerem Gefühl transportiert werden.

Übung zum Stoppen

Ihr Hund läuft an Ihrer Seite, er kann am Anfang an einer Leine laufen. Wenn Sie nun unvermittelt stehen bleiben, sagen Sie deutlich »Stopp« und lassen ihn an Ihrer Handfläche schnuppern. Er kann auch eine kleine Belohnung erhalten. Die Belohnung oder der Zuspruch bedeutet das Auflösen von »Stopp«. Dann gehen Sie weiter und bleiben wieder plötzlich stehen. Sagen Sie abermals »Stopp«. Dann lösen Sie das Kommando wieder auf.

Bis diese Übung wirklich sitzt, dauert es in der Regel einige Wochen. Ein »Stopp« oder »Bleib« zu verstehen sehe ich für einen Hund als überlebenswichtig an.

Die oben vorgeschlagenen Übungen müssen nicht Bestandteil eines Hundetrainings sein. Woraus das Training besteht, richtet sich vielmehr danach, worüber Sie Ihren Hund lenken möchten und wie sehr er auf sich gestellt ist. Leben Sie beispielsweise in einem Dorf mit keinem Hund weit und breit, brauchen Sie sicher weniger Kommandos als in einer Stadt.

Zuerst müssen Sie sich die Frage stellen: »Was muss mein Hund beherrschen, um sicher mit mir leben zu können?« Dann müssen Sie sich fragen: »Was muss er aus meiner Sicht beherrschen, damit unser Zusammenleben liebevoll und entspannt ist?«

Meiner Erfahrung nach haben Hundehalter im Vergleich zu Katzenhaltern die stärkeren Nerven. Sie sind in der Regel bereit, nach außen mehr Verantwortung zu übernehmen.

Wenn Sie eine starke Persönlichkeit sind, die alle ihre Ziele im Leben verwirklicht, halten Sie auch viele Trainingseinheiten mit Ihrem Hund durch. Wenn Sie sich

schlecht konzentrieren können und Ihnen oft die Kraft
fehlt, Ihren Weg zu gehen, lernen Sie nur das Nötigste.

Die elementaren Kommandos sind:

- Stopp
- Komm
- Sitz
- Aus
  (Dies bedeutet einfach: »Lass alles stehen und liegen«.)

Liebevolle Korrektur

Viele Menschen wünschen sich einen Hund, der perfekt
pariert, was ich für übertrieben halte. Andere Hundehalter sind toleranter und können gut mit verschiedenen Macken eines Hundes umgehen.

Wenn ein Hund sich selbst oder andere durch sein Verhalten schädigt, muss ihm dringend geholfen werden.
Diese Hilfe kann aus Tierkommunikation, Tiertraining,
Bachblüten etc. bestehen. Kein Hund, der seelisch und
körperlich gesund ist, möchte sich oder anderen Schaden
zufügen. Im Gegenteil.

Im Laufe meiner Praxis habe ich beobachtet, dass viele
Probleme durch die Vorgeschichte des Tieres oder die
Unklarheit der Halter entstehen. Die Vorgeschichte, die
sehr stark von der Entwicklung des Tieres in den Prägephasen abhängt, spielt eine entscheidende Rolle. Sicherheit, Selbstwertgefühl und Rudelverhalten werden hier
definiert. Ich habe gelernt, dass es in verschiedenen Le-
bensabschnitten zu einem verzögerten Ausleben der Themen aus den Prägephasen kommt. Meist dann, wenn ein
ehemals unsicheres Tier so weit sicher ist, dass es loslässt
und seine Schocks zu verarbeiten beginnt. Das entspricht
einem Menschen, der sich lange eine Partnerschaft ge-

wünscht hat, und sie dann, wenn er sich in einer befindet, unbewusst sabotiert.

Hat ein Tier Missbrauch oder schwere Lebensumstände erlitten, muss es das Ziel sein, es wieder zu sich zu bringen. Jedes traumatisierte Tier war zu irgendeinem Zeitpunkt »normal«. In meiner Arbeit ist es wichtig, den Hund an diesen Zustand zu erinnern und ihm den Weg dorthin zu bereiten, so dass Heilung für Körper und Seele möglich wird. Ich nenne dies liebevolle Korrektur.

Wir müssen zwischen einem möglichen Gefahrenpotential und erträglichen Macken unterscheiden. Das Fehlverhalten des Hundes wird durch seine Rasse verstärkt. Hat man wenig Zeit und Kraft und legt sich einen Border Collie zu, gerät man schnell an seine Grenzen. Das Problem beginnt oft bereits mit der Wahl des Hundes. Ich liebe Molosser und Doggen, reise jedoch viel und bin nicht für stundenlange Spaziergänge zu begeistern. Deswegen passt beispielsweise ein Mops viel besser zu mir.

Um einem anderen Wesen hilfreich zur Seite zu stehen, sollte man selbst glücklich und gesund sein. Wenn Sie sich nicht zu diesen Menschen zählen, gibt es keinen Grund, nicht daran zu arbeiten. Sie müssen nur mit einer anderen inneren Einstellung an Ihren Hund herantreten. Sie müssen zuerst sich selbst helfen. Wichtig sind positive Affirmationen, ein guter Atemfluss und Selbstliebe.

Üben Sie täglich die Prana-Atmung aus Kapitel 5 oder hören Sie unsere CD. Bauen Sie anschließend für sich Kraft mit positiven Affirmationen auf, die Ihnen und Ihrem Hund helfen.

Ich habe einige Affirmationen für Sie zusammengestellt:

- Ich werde geliebt und geführt. Ich habe Kraft für dich und für mich.
- Ich werde gebraucht und kann meinem Hund Liebe geben.
- Mein Herz ist leicht und freudvoll. Heute lerne ich mit dir.
- Ich spüre Gott in meinem Herzen, er fließt durch mich und gibt dir Kraft.

Diese Affirmationen sind sehr stark und können tief transformierend wirken. Meditieren Sie immer zuerst und stellen Sie sich zu den Affirmationen Ihr Tier vor.

Es ist wichtig, dass Sie die Affirmationen laut und deutlich mindestens fünf Mal hintereinander sprechen.

Dies sind die Basisübungen für ein erfolgreiches Zusammenleben mit Ihrem Hund:

Bellen

Bellen ist die natürliche Art des Hundes, sich bemerkbar zu machen. Er kann nichts dafür, dass er es in einem Wohnhaus mit empfindlichen Nachbarparteien oder auf der Straße tut. Es ist seine Sprache. Hunde möchten sich genauso mitteilen wie Menschen. Dass ihre Töne in den Städten nicht erwünscht sind, liegt daran, dass Tiere nach wie vor keine wirklichen Rechte besitzen. Ständiges Rasenmähen, der MP3-Player eines Teenagers in der U-Bahn oder Kindergeschrei werden toleriert. Wenn ich Hundehalter sehe, die in Verlegenheit geraten, weil ihr Wolfshund mit wirklich tiefer Stimme spricht, empfinde ich Trauer. Die Tiere haben sich mit uns zusammen entwickelt und haben ein Recht auf Raum zwischen den Menschen.

Anders verhält es sich bei Dauerbellern, die heiser werden, und Tieren, die unablässig verteidigen. Viele Hunde bellen aus reiner Angst. Sie schreien ununterbrochen »Hilf mir«. Andere möchten ständig bewachen und beschützen. Vor allem Hunde, in deren Zuhause ein reges Kommen und Gehen von Fremden herrscht, legen dieses Verhalten an den Tag. Hier zeigt sich auch, ob ein Welpe in der Prägephase alles erlebt hat, um später gelassen zu sein.

Aus sich heraus Ruhe und Sicherheit auszustrahlen ist hier unerlässlich. Schieben Sie das Gefühl von Ruhestörung beiseite und treten Sie für Ihren Hund ein.

Übung zum Bellen

Wenn Ihr Hund bellt, erkunden Sie zuerst die Ursache. Hat er berechtigte Angst oder Besuch angezeigt, lassen Sie ihn »Sitz« machen und belohnen ihn.

Generell geht es darum, seinen natürlichen Instinkt zu belohnen und ihm zu zeigen, dass Sie erkannt haben, was er sagen möchte. Dann zeigen Sie ihm, dass Sie nun wieder die Führung übernehmen, und unterbrechen freundlich sein Bellen durch ein Kommando. Dann lösen Sie die Szene auf.

Wenn er Angst hat oder ständig überbewacht, müssen Sie mit Massagen und Gelassenheit arbeiten. Alles was sein Vertrauen in Sie stärkt, ist gut. Hier müssen sich die Menschen ein neues Verhalten antrainieren. Bellt Ihr Hund an der Wohnungstür, reden Sie mit dem Nachbarn und helfen Sie Ihrem

Hund. Zeigen Sie ihm, was sich hinter der Tür oder der Angst versteckt.

Wenn Ihr Hund aggressiv bellt, nehmen Sie Kontakt zu ihm auf. Gehen Sie hierzu in die Hocke und kommunizieren Sie mit ihm und erklären Sie ihm, was los ist. Nur so kann ein Hund dauerhaft eine andere Einstellung lernen und das Bellen lassen. Wenn er sich beruhigt hat, folgt die Belohnung.

Selbstzerstörung

Leider lerne ich immer mehr Tiere mit einem ausgeprägten Hang zur Selbstzerstörung kennen. Sie nagen sich die Pfotenballen auf und kratzen sich, bis sie bluten. Meist ist das Verhalten an einen Auslöser geknüpft. Dies kann das Weggehen des Frauchens oder der Stress einer Autofahrt sein. Dieses selbstzerstörerische Verhalten wird zu Beginn kaum wahrgenommen. Die Halter haben den Eindruck, der Hund würde sich mehr kratzen, oder eine Allergie oder Würmer wären im Spiel. Die letzten beiden Faktoren werden mittels eines Tierarztes schnell ausgeschlossen. Hat der Hund dieses Verhalten erst einmal eingeleitet, steigert er es langsam.

Die Ursache ist meist im Energiefeld und in der Umwelt des Tieres zu suchen. Ich versuche, mit dem Tier gemeinsam die Ursache herauszufinden. Manchmal sind es Kleinigkeiten. Die häufigste Ursache ist jedoch zu wenig Zeit seitens des Besitzers. Es sind sehr sensible und liebesbedürftige Tiere, die sich so verhalten. Meist zeigen sie keinerlei Aggression nach außen, sondern richten alle schwierigen Gefühle gegen sich selbst.

Sich Zeit zu nehmen ist die erste Maßnahme. Ich rate

den Menschen dazu, die Augen zu öffnen und zu erkennen, was hier passiert. Es ist ein Teufelskreis, denn die Halter sind meist geplagt von Schuldgefühlen und fühlen sich von ihrem Hund unter Druck gesetzt. Häufig höre ich Sätze wie:»Ich kann das Haus nicht mehr verlassen, er fordert ständig Aufmerksamkeit, sonst kratzt er sich.« Seien Sie ehrlich zu sich selbst: Haben Sie die Kraft, Ihrem Tier zu helfen, oder findet es woanders einen besseren Platz? Es ist nicht schlimm, sich für Letzteres zu entscheiden. Es ist weit grausamer, nicht ehrlich zu handeln und den Hund weiterleiden zu lassen. Bei einem besonders traurigen Fall haben mir die Halter gesagt, sie würden den Hund lieber einschläfern, als sich von ihm zu trennen. Dieser Hund wäre bei einem anderen Halter mit zwei Wochen Urlaub an der See, schnell gesund geworden. Die Menschen hatten nicht genug Kraft.

In meiner Praxis habe ich mit folgenden Maßnahmen sehr gute Erfolge erzielt:

- Die Wohnräume gut räuchern und lüften (siehe Anhang)
- Futter selbst zubereiten und Belastungen ausschließen
- Einen Kurzurlaub planen. Wählen Sie hierfür am besten einen kühleren Seeort.
- Mehrere Heilsitzungen und Energiebehandlungen, um die Aura und das emotionale Feld zu stabilisieren
- Bachblüten oder Homöopathie-Spagyrik

Anspringen

Anspringen ist ein Zeichen von Liebe und Zugehörigkeit. Mich hat es nie gestört. Wenn Sie dem Springen entgegenwirken wollen, reicht es nicht, »Aus« oder »Sitz« zu sagen. Erst müssen Sie Ihrem Freund zeigen, dass Sie erkannt haben, was er möchte. Streicheln Sie seinen Kopf und begrüßen Sie ihn. Dann sagen Sie »Sitz« und geben ihm eine Belohnung.

Trennungsangst

Diese Art der Angst ist nur bei sehr zart besaiteten Wesen zu finden. Verhält sich Ihr Hund so, ist ihm vielleicht langweilig oder er hat nicht genügend Auslauf. Ich hatte einmal eine Sitzung mit dem Hund eines Szene-Starlets. Sie beschwerte sich, dass ihr Hund, wo sie doch immerhin drei Mal am Tag zehn Minuten lang mit ihm Gassi ging, nie alleine zu Hause bleiben wollte. Wenn Ihr Hund sich richtig austoben kann und Sie von Beginn an seine Erholungsphasen so wählen, dass er sich ausruht, funktioniert dies.

Ein anderer Grund für Trennungsangst kann eine nicht ausgeheilte Mutterbeziehung sein. Welpen, die zu früh von ihrer Mutter entfernt wurden, wollen als erwachsene Hunde auch nicht gerne allein bleiben. Hierbei helfen Bachblüten und Homöopathika.

Eine weitere Besonderheit sind ehemals wild lebende Hunde, die den Sprung von der Müllkippe in die Wohnung machen mussten. Sie haben gelernt, immer im Rudel zu sein, Einsamkeit kennen sie nicht. Für ein Rudel ist der Zusammenhalt überlebenswichtig. Hier helfen Übungen, die auf den Vertrauensaufbau setzen, oder Sie versuchen, Ihren Hund in Ihr Berufsleben zu integrieren.

Stubenunreinheit

Für mich ist Stubenunreinheit eine Form der Angst und des Widerstandes. In der Praxis bin ich vielen Hunden begegnet, die nach einem Wohnungseinbruch, Silvester oder einem Schock unrein wurden.

An sich sind Hunde sehr sauber, wobei sauber natürlich relativ ist. Sie lehnen es ab, ihr Nest zu beschmutzen. Mit dem Akt der Beschmutzung gehen sie weit zurück in ihr Welpenalter und wollen wieder in den Schutz der Mutter genommen werden. Unbewusst unterstützen viele Menschen diesen Ausdruck, indem sie ihren Hund beschimpfen und ihm so die gewünschte Aufmerksamkeit geben. Selbst diese negative Zuwendung ist ihm lieber als gar keine. Also macht er weiter. Es ist wichtig, die Ursache des Verhaltens zu finden und den Hund dagegen zu konditionieren oder den Schock zu lösen. Bestrafen hat meines Wissens immer nur kurzzeitige Wirkung gezeigt.

Die andere Art der Unreinheit ist Protestpinkeln oder Markieren. Als Mercucio zwei Jahre alt war, bin ich ohne vorher mit ihm zu sprechen zu einem Job gefahren. Als ich nach zwei Tagen wiederkam, begrüßte er mich, ging mit mir in das Schlafzimmer und machte voller Wonne einen Haufen auf das Bett. Ich habe die Strafe akzeptiert. Protest kann ein neues Tier, eine Arbeitsstelle mit mehr Zeitaufwand oder ein neuer Freund hervorrufen. Der Hund fühlt sich ausgeschlossen oder übergangen und markiert. Den Fehler habe ich nach Gesprächen mit den Tieren immer beim Menschen gefunden. Sie haben den Hund schlichtweg übergangen. Ein Gespräch mit einem guten Tierkommunikator ist hier oftmals die Lösung.

Hundeängste

Angst empfinde ich für ein Tier als das bedrohlichste Gefühl von allen. Angst hat die Fähigkeit, sich zu entwickeln und fortzupflanzen. Angst ist intelligent und schwer zu steuern. Angst bedeutet für einen Hund Schutzlosigkeit und das Gefühl, die Verbindung zu seiner Seele zu verlieren. Sie kann sich auf einen Moment beziehen und schnell vorüber sein. Sie kann aber auch ein ganzes Hundeleben prägen. Angst ist immer Verlust um das Wissen um Hingabe und Liebe an den Schöpfer. Angst bedeutet, den eigenen Glauben zu verlieren und nicht zu wissen, wohin man gehört.

Folgende Ängste habe ich bei Hunden erlebt:

Angst

- vor anderen Hunden
- vor Menschen
- vor dem Tierarzt
- vor Geräuschen
- vor Einsamkeit
- vor dem Autofahren
- vor Schmerzen

Wie stark eine dieser Ängste gelebt wird und wann sie wirklich die Kontrolle über einen Hund übernimmt, hängt von weiteren Faktoren ab. Ist das Tier ansonsten stabil, in anderen Bereichen selbstsicher und hat es nur einen Schwachpunkt, wie z. B. Angst vor dem Autofahren, ist dies nicht weiter bedenklich. Zittert Ihr Tier jedoch, verweigert sein Futter oder ist es aggressiv zu anderen Lebewesen, müssen Sie handeln. Angst schlägt oft in Aggression um, bitte vergessen Sie das nicht. Hat Ihr Tier diese Veranlagung, gibt es einiges zu tun. Eine Bachblütenmischung, sanftes Hundetraining und Massagen helfen. Auch sollte der Mensch mit dem Tier die Situation üben und ihn so desensibilisieren. Den Hund mit einem Trainer alleine an der Situation arbeiten zu lassen, bringt wenig. Er muss seine Angst mit Ihnen verlieren. Vor allem dürfen Sie nicht den Fehler machen, Angst vor seiner Angst aufzubauen. Leiten und führen Sie Ihren Hund.

8. Die einzelnen Hunderassen und ihr energetischer Hintergrund

Die Vielfalt an Rassen und Charakteren in der Hunde-
welt ist mit der menschlichen Entwicklung gewachsen.
Hunde haben ihr Aussehen an ihre Lebensanforderungen
angepasst. Ein dickes Fell mit starker Unterwolle gehört in
den Norden und eine kurze Haarpracht in gemäßigtere
Gefilde.

Jede Rasse hat mit ihrem Aussehen ein spezifisches
Energiefeld entwickelt – so etwas wie einen »Grundton«.
Diesen Grundton kann ich in der Aura des Tieres wie eine
eigenständige Farbebene wahrnehmen. Sie prägt Ihr Tier
energetisch vor. Über dieses Energiefeld entwickelt sich

dann der individuelle Charakter. Die frühe Entwicklung sowie das spätere Umfeld wirken maßgeblich auf sein seelisches Wohlbefinden ein.

Manchmal ist der Charakter eines Hundes viel stärker als die energetische Vorveranlagung. Ein Husky beispielsweise hat eine typische hellblaue und weiße Tönung in der Aura. Diese ist sehr stark und gleichmäßig. Dieser Auragrundton kann wie die »normalen« Farben der Aura gedeutet werden.

Nachfolgend möchte ich einige Hunderassen, ihre typischen Aurafarben, passende Aura-Soma-Flaschen und Bachblüten vorstellen. Auch die typgerechten Homöopathika möchte ich Ihnen gerne zeigen. Diese Ausführung soll Ihnen helfen, energetische Veranlagungen und Tendenzen zu erkennen und natürlich auszugleichen. Eine komplette Praxissitzung und Heilbehandlung kann hierdurch jedoch nicht ersetzt werden.

Ich teile Hunde in fünf unterschiedliche Gruppen ein. Diese Einteilung entspricht seiner Überseele oder dem Gruppenbewusstsein der Tiere:

- **Heilung** – Ein Hund in diesem Feld öffnet sein Umfeld für Heilenergien und Wachstum.
- **Wissen** – Ein Hund in diesem Feld öffnet seine Umgebung für altes Wissen und das Licht des Menschen.
- **Schutz** – Ein Hund in diesem Feld bringt Ausgleich und Harmonie, wenn er sich weit genug entwickeln konnte. Je weniger Angst seine Menschen haben, desto stärker kann das Tier über deren Glauben Schutz aufbauen.
- **Kommunikation** – Ein Hund in diesem Feld öffnet seine Umgebung für den inneren Ausdruck und das Er-

kennen der Lebensaufgabe. Er lehrt Freude und Hingabe an das Dasein.

* **Liebe** – Ein Hund in diesem Feld konfrontiert mit mangelnder Liebesfähigkeit oder öffnet ein Energiefeld, um Liebe zu allen Wesen im Umfeld fließen zu lassen. Er steht in seiner Entwicklung in besonders starker Resonanz zu seinem Menschen.

Natürlich gibt es auch Mischtypen, die in mehreren dieser Gruppen zu Hause sind. Die oben genannten Eigenschaften gelten in erster Linie für den Hund selbst. Wenn der Hund in einem entsprechenden Umfeld lebt, bringt er seine Neigungen aber auch in dieses ein.

Die folgenden Aura-Soma-Vorschläge und Bachblüten sollen Ihnen helfen, über entsprechende Literatur mehr Wissen über sich, die Aufgabe und den Zustand Ihres Hundes zu erlangen. Vor der Gabe von homöopathischen Mitteln oder Bachblüten konsultieren Sie bitte in jedem Fall einen professionellen Therapeuten. Auch unser Büro hilft Ihnen gerne weiter.

Das Energiefeld Wissen

Der Mischling

Der klassische Mischling schafft sich durch seine Vielseitigkeit viele Möglichkeiten im Leben. In der Regel handelt es sich um souveräne Tiere, die sich selbst gut zurücknehmen können, um über Beobachtungen zu wachsen. Die Lebensaufgabe eines Mischlings ist es, verschiedene Eigenschaften zu vereinen und daran zu wachsen. Dieser Hund zeigt Ihnen, dass alles möglich ist. Er flüstert Ihnen zu: »Du musst nur vertrauen, dann fließt die Hilfe von Gott dir zu.«

Aura: Gelb, Rot und viel Grün im Herzbereich
– Aura-Soma-Flasche Nr. 27. Robin Hood. Rot über Grün: Mein Herz und meine Kraft können sich endlich vereinen. Ich muss nicht mehr kämpfen.
– Aura-Soma-Flasche Nr. 28. Maid Marion. Grün über Rot: Ich kann meine Kraft zulassen und endlich Freude und Liebe leben. Ich kann Nähe zulassen und darf zur Ruhe kommen.
Bachblüten: Alle
Homöopathie: Silicea, Arnika, Ignatia

Der Husky
Dieser Hund ist auf der Welt, um den Zusammenhang zwischen Ursache und Wirkung zu vermitteln. Er ist ein Wanderer zwischen verschiedenen Welten, der oft auch passiv ein stark schützendes Energiefeld erstellt.

Aura: Türkis, Weiß und Dunkelblau
– Aura-Soma-Flasche Nr. 87. Koralle über Koralle: Ich bin bereit, Heilung anzunehmen und Segen zu erfahren.
– Aura-Soma-Flasche Nr. 85. Türkis über Klar: Ich drücke das Wissen meiner Seele aus.
– Aura-Soma-Flasche Nr. 86. Widerstand und Wut weichen aus meinem Leben. Die Reise zu mir beginnt.
Bachblüten: Scleranthus
Homöopathie: Lachesis, Graphites

Der Bernhardiner
Er möchte zeigen, dass Wissen und Fließenlassen von Liebe vereinbar ist. Der Bernhardiner ist ein Hund mit einer außergewöhnlichen Aufmerksamkeit für Engel und Lichtwesen. Häufig ist er vom Feld der Heilung geprägt.

Aura: Rosa, Blau und Violett, Gelb
- Aura-Soma-Flasche Nr. 79. Die Straußenflasche: Wenn ich meinen Aufgaben begegne, ist Wachstum möglich.
- Aura-Soma-Flasche Nr. 77. Der Kelch: Leidenschaft erfüllt mein Wesen, ich habe die Kraft, bedingungslos zu geben.

Bachblüten: Willow, Holly

Homöopathie: Keine speziellen Arzneien

Das Energiefeld Schutz

Der Neufundländer

Er steht für Fröhlichkeit und Hoffnung. Aus dieser Hoffnung wird die Kraft für das Leben geschöpft. Licht reagiert auf die Kraft und den Glauben in uns. Das Licht wird zu einem starken Schutz für die Wesen in der Umgebung des Neufundländers.

Aura: Helles Gelb, Rot und Grün
- Aura-Soma-Flasche Nr. 36. Nächstenliebe: Wir sind alle in Einheit miteinander verbunden.

Bachblüte: Rock Rose

Homöopathie: Kamille

Der Dobermann

Er bringt den Himmel und die Erde zusammen. Wer mit ihm sanft umgehen kann, hat einen großen Teil seines Leidens bewältigt. Der Dobermann schützt durch die Aufmerksamkeit für uns selbst.

Aura: Gelb, Rot und Blau
- Aura-Soma-Flasche Nr. 76. Vertrauen. Rosa über Gold:

Schmerz, Ungeduld und Widerstand können losgelassen werden. Der Fluss des Lebens umhüllt und schützt.
Bachblüten: Elm, Gorse
Homöopathie: Stramonium

Der Schäferhund

Intelligenz und Tugend vermischen sich mit einem großen Herz. Die Liebe ist oft so groß, dass sich der Hund seelisch wie körperlich für seine Umwelt aufopfert. Hier muss der Mensch lernen, Verantwortung zu übernehmen und den Hund zu entlasten. Große emotionale Belastungen wie übertragene Energien führen bei dieser Rasse zu Epilepsie.

Aura: Helles Blau, Gelb und Grün
- Aura-Soma-Flasche Nr. 47. Alte Seele. Königsblau über Zitronengelb: Ich bin endlich angekommen und muss nichts mehr beweisen. Ich darf sein.
Bachblüten: Chestnut Bud
Homöopathie: Keine spezielle Zuordnung

Der Spitz

Er möchte alles einbringen, was seine Menschen brauchen, und vergisst sich darüber gerne selbst. Der Spitz stellt sich sehr bewusst gegen negative Energien. Selbstliebe und Vertrauen sind seine Lebensaufgabe.

Aura: Gelb, Rot und Blau
- Aura-Soma-Flasche Nr. 30. Den Himmel auf die Erde bringen. Blau über Rot: Alles ist gut, wie es ist. Ich darf einfach sein.
Bachblüten: Pine, Scleranthus
Homöopathie: Silicea, Lachesis

Foxterrier
Dieser Hund hat in diesem Leben die Aufgabe, seine innere Mitte zu finden. Kontrolle und Bewertung werden abgelegt und ein liebevolles Band zur eigenen Seele aufgebaut. Er ist hier, um eingefahrene Verhaltensweisen aufzulösen und Bewegung zuzulassen.

Aura: Grün, Gelb und Rosa
– Aura-Soma-Flasche Nr. 14. Weisheit des neuen Zeitalters. Klar über Gold: Wissen und Glaube sind immer da, um zu schützen.
Bachblüte: Gorse
Homöopathie: Stramonium

Der West Highland Terrier
Seine Aufgabe besteht darin, sich selbst anzunehmen. Man muss nicht gefällig sein, um geliebt zu werden. Liebe ist für diesen Hund häufig schwer in sich zu finden. Über Aufregung und Bestätigung kann er sich gut spüren.

Aura: Gelb, Rosa, Grün
– Aura-Soma-Flasche Nr. 11. Die Essener Flasche 1. Klar über Pink. In diesem Leben kann ich alte Tränen weinen und endgültig loslassen.
Bachblüten: Heather
Homöopathie: Keine spezifische Zuordnung

Das Energiefeld Liebe

Der Pudel
Er möchte Liebe geben und erfahren. Der Pudel ist auch in Ihr Leben getreten, um Hoffung zu schenken und alte

Themen endlich zu bewältigen. Er kann sehr viel Licht durch sich fließen lassen, wenn sein Halter bewusst im Leben steht.

Aura: Rosa, helles Grün und Gelb
– Aura-Soma-Flasche Nr. 92. Die Gretel-Flasche. Koralle über Olive: Bewertung und negative Gedanken haben ein Ende. Ich darf mit meiner Freude und Kraft leben.
Bachblüten: Star of Bethlehem, Mimulus
Homöopathie: Ignatia

Der Mops
Zufriedenheit und Humor werden im Leben eines Mopses zum Ausdruck gebracht. Liebe wird sehr stark körperlich gelebt. Der Mops spiegelt die tiefe innere Einstellung seiner Menschen. Es macht ihm Freude, seinen Dickkopf durchzusetzen.

Aura: Türkis, Blau, Gelb und Rosa
– Aura-Soma-Flasche Nr. 95. Erzengel Gabriel. Magenta über Gold: Ich kann mein Wissen leben.
Bachblüten: Sweet Chestnut, Aspen
Homöopathie: Graphites

Der Yorkshire Terrier
Seine Aufgabe ist es, die in ihm liegende Kraft zu erforschen und freizusetzen. Der zarte Körper hilft ihm, Umgebungsenergien schneller einschätzen zu können. Er muss lernen, sich durchzusetzen und seine Bedürfnisse zu artikulieren.

Aura: Rosa, Gelb und Blau
– Aura-Soma-Flasche Nr. 61. Sanat Kumara. Hellpink

über Hellgelb: Alles, was existiert, entstammt derselben unendlichen Liebe. Ich bin ein Teil davon.
Bachblüten: Heather, Rock Water
Homöopathie: Zincum Metallicum

Der Beagle
Kommunikation und Oberflächlichkeit liegen nah beieinander. In diesem Leben geht es darum, das Wichtige vom Unwichtigen zu unterscheiden. Das Leben gehört denen, die JA sagen.

Aura: Gelb, Blau und Rot
– Aura-Soma-Flasche Nr. 63. Djwal Kul über Hilarion. Smaragdgrün über Hellgrün: Ich nehme meinen Raum an und lasse in ihm Bewusstsein zu.
Bachblüte: Star of Bethlehem
Homöopathie: Arnika

Der Golden Retriever
Selbstlosigkeit und Individualität zu verbinden ist seine Lebensaufgabe. Alte, negative Erfahrungen versetzen ihn häufig in einen unklaren Zustand. Oft stellt sich bei diesem Hund der Mensch in den Vordergrund und der Hund lässt ihn gewähren. In seiner Hingabe stellt er sich selbst zurück.

Aura: Rosa, Helles Gelb und Blau-Türkis
– Aura-Soma-Flasche Nr. 58. Orion und Angelika. Mein wirkliches Zuhause ist in mir.
Bachblüten: Holly, Rock Rose
Homöopathie: Keine Spezielle Zuordnung

Die Deutsche Dogge

Absolute Liebe und Treue werden in diesem Körper auf die Erde gebracht. Das Herz ist alles. Trauer und Freude liegen für jeden ersichtlich an der Oberfläche. Die Opferbereitschaft ist so groß wie das Herz selbst.

Aura: Rosa, Weiß und Blau
- Aura-Soma-Flasche Nr. 25. Rekonvaleszenz. Rotviolett über Magenta: Ich nehme meinen inneren Heiler an.
- Aura-Soma-Flasche Nr. 42. Die Ernte. Gelb über Gelb: Lebensfreude strahlt aus meinem Herzen. Ich bin der, der ich bin.

Bachblüte: Walnut, Elm, Sweet Chestnut
Homöopathie: Ignatia

Der Stefordshire Terrier

Ein Schutzengel kommt auf die Erde. Dieser Hund gibt sich hin, um seine Menschen bewusst zu machen. Er hofft auf ihre Entwicklung, forciert diese jedoch nicht. Er trägt eine raue Schale um einen butterweichen Kern. Diese Seele hat besonderes Vertrauen in die Menschen. Dieser Hund ist ein Lehrer: Gute Taten, Worte und Gedanken sind seine Botschaft.

Aura: Weiß, Türkis und Blau
- Aura-Soma-Flasche Nr. 37. Ein Schutzengel kommt auf die Erde. Tiefer Frieden und Glaube an das Gute erfüllt mich in jedem Augenblick.

Bachblüten: Rescue, Star of Bethlehem, Rock Rose
Homöopathie: Keine spezielle Zuordnung

Das Energiefeld Kommunikation

Der Chihuahua

Zu lernen, sich dem Leben anzupassen, ist seine Aufgabe. Er möchte viel Freude auf die Erde bringen und wendet Oberflächlichkeiten ab. Leider nimmt er viel Negatives aus seiner Umwelt auf und fühlt sich oft verpflichtet, diese Gefühle zu verarbeiten. Seine Botschaft ist, leben und leben lassen und lernen, Zufriedenheit zu erkennen.

Aura: Helles Grün, Gelb und Türkis
- Aura-Soma-Flasche Nr. 34. Die Geburt der Venus. Pink über Türkis: Freude und Dankbarkeit strahlen aus mir heraus.

Bachblüten: Mustard, Water Violet
Homöopathie: Keine spezielle Zuordnung

Der Dackel

Treue und Beständigkeit sind seine Botschaft. Ein starker Charakter kann auch in Liebe gelebt werden. Hoffnung ist ein weiteres Lebensthema des Dackels.

Aura: Gelb, Grün und Rot
- Aura-Soma-Flasche Nr. 90. Weisheits-Notfallflasche. Gold über Tiefmagenta: Ich kann tiefe Weisheit und Klarheit kommunizieren. Ich brauche mich nicht zu beweisen.

Bachblüten: Oak, Rock Rose
Homöopathie: Aurum

Der Cockerspaniel

Sanftheit, Treue und Beständigkeit zu lernen sind seine Aufgaben und langsam gelangt seine Seele an ihr Ziel.

Der Glaube ist alles. Diesem Hund bin ich häufig bei Menschen begegnet, die das Gefühl hatten, ihrer Umwelt nicht gerecht zu werden. Es ist wichtig zu wissen, dass jeder sein eigenes Tempo hat.

Aura: Rosa und Gelb, Silber
– Aura-Soma-Flasche Nr. 54. Serapis Bay. Klar über Klar: Ich darf sein.
Bachblüte: Crab Apple, Honey Suckle, Rock Rose
Homöopathie: Arsenicum Album

Das Energiefeld Heilung

Der Collie
Der Collie ist ein Hund, der Mitgefühl und Willensstärke zu vereinen lernt. Unablässiges Lernen und Freude füllen sein Wesen aus. Er möchte helfen und doch er selbst sein. Dies ist auch seine Botschaft an den Menschen.

Aura: Türkis, Grün, Rosa
– Aura-Soma-Flasche Nr. 40. Ich bin. Rot über Gold: Ich bin der, der ich bin.
Bachblüte: Impatiens, Holly
Homöopathie: Sulfur

Der Bullterrier
Seelenanteile aus früheren Leben zu heilen ist seine Aufgabe. In dieser Rasse steckt ein großes Potential der Karmaheilung. Der Mensch lernt, dass er nichts wirklich kontrollieren kann.

Die einzig beständige Kraft ist die Liebe.

Aura: Türkis, Blau und Gelb, Rot
- Aura-Soma-Flasche Nr. 21. Neubeginn für Liebe. Grün über Pink: Ich erkenne die Liebe in allen Wesen.

Bachblüte: Cherry Plum, Willow, Olive
Homöopathie: Keine spezielle Zuordnung

Der Irish Setter

Dieser Hund lernt, alte Muster aus früheren Leben in diesem Körper nicht zu wiederholen. Er lernt, sich hinzugeben und in der Gemeinschaft zu existieren, ohne dabei unterzugehen. Vertrauen muss erlernt werden.

Aura: Dunkles Grün, Rot, Rosa und Hellblau
- Aura-Soma-Flasche Nr. 60. Kwan Yin und Lao Zsu. Blau über Klar: Mitgefühl mit sich selbst hilft, andere zu heilen.

Bachblüte: Wild Rose, Crab Apple
Homöopathie: Keine spezielle Zuordnung

Der Border Collie

Die eigene Schöpferkraft zu leben und durch das Hinaustragen von ihr geheilt zu werden, ist die Aufgabe des Border Collie. Er ist intensiv mit seiner Seele verbunden und registriert durch seine hohe Schwingung feinste Energieveränderungen. Hohe Sensibilität kann zu Stumpfsinn werden, wenn er nicht lernt, damit umzugehen. Hierfür muss sein Mensch sorgen.

Aura: Blau in allen Tönen, Gelb und Rot
- Aura-Soma-Flasche Nr. 62. Maha Chohan. Helltürkis über Helltürkis: Meine Weisheit nutze ich zur Heilung aller Wesen, die ich liebe.
- Aura-Soma-Flasche Nr. 88. Der Jadeherrscher. Grün

über Blau: Ich darf mein Herz und mein Wissen leben.
Freude kehrt ein.

Bachblüte: Oak, Cherry Plum
Homöopathie: Staphisagria

9. Wege des Schicksals – der Tierheimhund, gerettete Tiere und »Kampfhunde«

Aggressives Energiefeld eines Yorkshire Terriers

In diesem Kapitel möchte ich das Thema Heimtiere, gerettete Tiere und die so genannten »Kampfhunde« bzw. Problemhunde behandeln. In den letzten Jahren wurde in den Medien immer öfter über Attacken von Problemhunden oder Kampfhunden gegenüber Kindern oder Erwachsenen berichtet. Was in den Medienberichten zu kurz kommt, ist die Tatsache, dass statistisch gesehen die meisten Angriffe von Schäferhunden und Dackeln ausgeübt werden, die nicht zu den oben erwähnten Kategorien gezählt werden.

Kampfhunde

Meiner Meinung nach ist das Thema Kampfhunde in jeder Hinsicht überstrapaziert und somit ist eine objektive Meinungsbildung beinahe unmöglich gemacht worden. Aus eigener Erfahrung weiß ich, dass sich die Welpen von einem Stefordshire Terrier in ihrem Verhalten kaum von Pudelwelpen unterscheiden. Außerdem weiß ich, dass sich durch eine korrekte Behandlung und Erziehung die Welpen von »Kampfhunden« später zu sehr lieben und treuen Begleitern entwickeln können.

Ein Mensch, der sozial verwahrlost ist, in einer gewalttätigen Umgebung lebt und tagtäglich der Gewalt und negativen Energien ausgesetzt ist, kann fast nur Gewalt und Aggression weitergeben. Wenn dieser Mensch zusätzlich noch komplexbeladen ist und Hass in sich trägt, wird der Hund, den er bei sich aufnimmt, all diese negativen Energien und Aggressionen ausleben, um sich dadurch Bestätigung bei seinem Halter zu holen.

Ich will nicht den Eindruck erwecken, dass es von Natur aus keine Aggressivität bei Hunden gibt. Der Hund ist ein Jagdtier und wird sich deshalb manchmal nach seinem Instinkt verhalten. Bei einem Hund, der jahrelang liebevoll gewesen und in einer gesunden Umgebung aufgewachsen ist, kann ein Zusammentreffen von verschiedenen Umweltsignalen und Erfahrungen zu einer plötzlichen Reaktion führen, die untypisch aggressiv ist. Solche Fälle sind allerdings eher selten.

Die Rolle der Medien

Unsere Medien leben von Auflagen und Einschaltquoten. Ich habe in den letzten fünf Jahren einige Erfahrungen mit verschiedenen Fernsehsendern, Radiosendern und Zeitschriften gemacht. Aus dieser Erfahrung kann ich sagen, dass ich bisher keinen einzigen Vertreter dieser Medien kennen gelernt habe, der sich wirklich mit einem Thema auseinandersetzt, weil es ihm darum geht, den Zuschauer oder den Leser objektiv zu informieren. Es geht vielmehr darum, spektakuläre Bilder zu zeigen und die Story künstlich aufzubauschen.

Statistisch gesehen werden pro Jahr in Deutschland mehr Menschen durch Bisse von anderen Tieren wie z.B. Pferden verletzt, als durch Hundebisse und dies manchmal sogar schwerer. Diese Geschichten sind bloß nicht so medienwirksam wie die Kampfhundlegenden. Die Zahlen belegen sogar, dass bei Hundebissunfällen mehr Dackel und Schäferhunde beteiligt sind als Kampfhunderassen.

Hier beschreibe ich Ihnen, wie Sie mit einer Übung allen verlassenen und verwirrten Kampfhunden Licht und Liebe geben können. Sie können diese Übung auch für andere Hunde einsetzen, um sie von ihrem Schmerz zu lösen.

 **Übung zum Heilen von seelischem Schmerz**

– Schließen Sie die Augen und atmen Sie einige Augenblicke Licht ein. Kommen Sie in Ihre Mitte und lassen Sie Ihre eigenen Themen komplett los. Stellen Sie sich eine große goldene Acht vor, in deren einem Kreis Ihr Hund sitzt. Bitten Sie seinen Schutzengel darum, all seinen Schmerz und seine Trauer in dem anderen Kreis der Acht entstehen zu lassen.

– Lassen Sie nun aus Ihrem Herzen goldenes Licht in die Linie der Acht fließen. Diese Linie soll nun immer stärker und strahlender werden. Wenn Sie das Bild klar vor Augen haben, beginnt sich die Schleife um Ihren Hund herum im Uhrzeigersinn zu bewegen.

– Die andere Schleife dreht sich in entgegengesetzter Richtung, also nach links, so dass zwei Kreise entstehen. Wenn beide Kreise sich langsam aus der Acht lösen und jeweils zu einer goldenen Scheibe werden, lassen Sie den Kreis mit der Trauer in ein goldenes Licht zur Auflösung fließen. Der Kreis um das Tier herum bleibt und wird zu einer Kugel, die ihm Schutz gibt.

– Bitten Sie den Schutzengel Ihres Hundes ihm zu helfen, Schmerz und Kummer für immer loszulassen. Machen Sie diese Übung nur, wenn sich Ihr Hund deutlich visualisieren lässt. Dies ist seine Einverständniserklärung.

Urlaubshunde

Wie kann ich geretteten Hunden helfen?

Egal welches Schicksal ihnen widerfährt, Tiere wollen leben und geben den Glauben an Veränderung niemals auf. In dieser Hinsicht unterscheiden sie sich von Menschen. Ein Hund wird selbst nach schwerstem Missbrauch immer die Verbindung zum Menschen suchen. Tiere glauben und geben sich hin. Sie werden nicht depressiv, weil sie keinen »tollen« Job haben oder die beste Freundin zuerst geheiratet hat. Sie wollen nur eines: in Liebe und Zufriedenheit leben.

In den über zehn Jahren meiner Praxis habe ich einige dramatische Hundeschicksale gesehen. Misshandlungen, abgeschnittene Ohren, eingewachsene Schrotkugeln und sexuell misshandelte Tiere. Es ist erstaunlich, zu welchen Handlungen Menschen fähig sind. In traurigen Augenblicken erscheint mir das Wort Menschlichkeit geprägt von seinem Gegenteil, der Unmenschlichkeit. Natürlich töten Tiere ihre Artgenossen, aber nur, wenn sie Hunger haben oder sich in die Ecke gedrängt fühlen. Die Grausamkeiten, die von Menschen an Tieren begangen werden, sind häufig durch Lust gesteuert.

Vor fast einem Jahrzehnt war ich in Paris in einer der unschönen Nebenstraßen unterwegs. Ich wollte eine Abkürzung nehmen, um schneller zu einem Termin zu kommen. Nach wenigen Schritten hörte ich ein lautes gequältes Hundeheulen. Mein Herz zog sich zusammen. Ich sah einen Obdachlosen, der offensichtlich angetrunken war, auf seinen Schäferhund einschlagen. Wut und Kraft stiegen gleichermaßen in mir auf. Ich rannte auf ihn zu und blieb vor ihm stehen. Ich sagte nichts, kein Wort. Ich starrte nur in seine kalten Augen. Dann hob er die Hand und ballte sie zu einer Faust. Ich starrte ihn weiter an. Es war mir egal, ob er mich schlagen würde. Ich spürte die Augen des Hundes auf mir und sein Gefühl von Todesangst und Hoffnungslosigkeit. Etwa zwei Minuten vergingen. Auf einmal entspannte sich der ganze Körper des Mannes und seine Hand sank nach unten. Ohne mich eines weiteren Blickes zu würdigen, drehte er sich um und ging davon. Ich band den Hund los und in stillem Einverständnis nahmen wir den anderen Weg aus der Straße. Im normalen Straßenlicht kniete ich mich zu ihm nieder. Er hatte Schrunden und Verhärtungen an Kopf und Oberkörper. Sein linkes Hinterbein war leicht verkrüppelt. Er war sehr dünn. Bis heute weiß ich nicht, ob es meine Wut und Entschlossenheit oder mein Schutzengel war, der mich in dieser Situation beschützte. Salmon vermittelte ich an eine gute Freundin, die ihm diesen Namen gab. Lachs war das Einzige, was sie im Kühlschrank hatte, als er zu ihr kam. Salmon und ich haben nie miteinander »gesprochen«. Von Anfang an war alles zwischen uns klar. Ich glaube auch, dass er mich damals in diese Straße gerufen hatte, denn mit High Heels und Rock mied ich diese Gassen normalerweise.

Ich erzähle Ihnen diese Geschichte, um Ihnen Mut zu machen. Die Kraft, einen Salmon zu retten oder einen Tierheimhund zu erziehen, wird Ihnen gegeben, wenn Sie nur wollen. Selbst wenn Sie keines dieser Tiere zu sich nehmen können, ist Hilfe möglich. Sind Sie Vielflieger, können Sie Hunde und Katzen aus Spanien, der Türkei oder anderen Ländern in einer Box mit sich bringen. Es gibt Organisationen, die Ihnen diesen Kurierdienst bezahlen und den Hund vor Ort abnehmen.

Sie können Hundepate werden und einem kleinen Wesen mit Ihrem Besuch viel Freude bereiten. Sie können diesen Tieren Heilung und Licht schenken. Es bringt allerdings wenig, aus gutem Willen Licht in der Gegend herumzuschicken. Leider beherrschen nur wenige Menschen das kontrollierte Aufbauen und Potenzieren von Licht.

Es ist schön, dass immer mehr Menschen den Mut haben, Hunde aus dem Ausland mitzubringen. Leider wird oft wenig darüber nachgedacht, ob man dem Tier zu Hause gerecht werden kann. Ehemals wild lebende Hunde z. B. sind sehr selbstständig und brauchen lange, bis sie einen Menschen akzeptieren. Nicht jedes Tier verträgt die Klimaveränderungen gut, und auch wenn Hunde von Natur aus gerne stubenrein sind, müssen Wildhunde dies häufig erst lernen. Versuchen Sie im Urlaub in erster Linie, vor Ort zu helfen. Wir lindern Leid, indem wir Tiere von einem Land in das andere bringen, aber die Wurzel des Problems wird nicht geheilt. In einem Land, in dem Tiere keine Achtung bekommen, ist es auch für die Menschen, die diesen Tieren helfen wollen, schwierig.

Da Urlaubshunde, wie auch Tierheimhunde, durch mehrere Hände gegangen sind, sind die Hinweise zur Eingewöhnung die gleichen. Meiner Erfahrung nach haben diese Hunde einen außergewöhnlich starken Bezug zu Futter. Sie können also über Leckerchen und Knochen Vertrauen aufbauen. Wichtig sind regelmäßige Mahlzeiten. Ich würde zusätzlich noch die Aura-Soma-Flasche Nr. 26 empfehlen. Sie können sie neben den Korb des Tieres stellen oder, wenn es möchte, seine Ohren und den Hinterkopf und Rücken damit massieren. Dieses Öl hilft, alte Schocks loszulassen und in der Gegenwart anzukommen.

Hilfreich auch die homöopathischen Mittel Ignatia und Staphisagria. Beide helfen, alte Verbindungen und Trauer zu lösen. Geben Sie beide Mittel in einer D12-Potenz, und zwar 14 Tage lang zweimal täglich drei Globuli.

Der Tierheimhund

Als Erstes möchte ich Sie darum bitten, den Tierheimhund nicht als Secondhandtier zu betrachten. Es war vielleicht seine Aufgabe, genau auf diesem Weg zu Ihnen geführt zu werden. Ein Tierheimhund braucht meist lange, bevor er mit seinem neuen Menschen eine Form der Normalität findet. Er muss lernen, zur Ruhe zu kommen und zu verstehen, dass er wieder Raum für sich selbst hat.

Ich habe einmal eine Familie in meiner Praxis gehabt, die wenige Tage zuvor einen Hund aus dem Tierheim geholt hatte. Alle dachten, es würde sich wenig verändern und sie könnten normal weiterleben wie zuvor. Der Schäferhundmischling, der so viele Menschen nicht gewohnt war, knurrte die einzelnen Familienmitglieder schon am dritten Tag an. Aus Angst sperrten sie ihn in einen jeweils freien Raum des Hauses. Die Katastrophe war vorprogrammiert.

Wenn man einen solchen Hund zu sich nimmt, müssen alle Menschen im Haushalt das gleiche Ziel verfolgen. Was der neue Hund darf oder nicht darf muss allen klar sein und jeder sollte sich daran halten. Wenn Ihr Tierheim es zulässt, gehen Sie einige Male mit verschiedenen Familienmitgliedern mit dem Hund spazieren, bevor Sie ihn endgültig zu sich holen. So kann er etwas Vertrauen gewinnen und wird nicht völlig mit der neuen Situation überfordert. Idealerweise sollten sich die Hauptbezugspersonen einige Tage Urlaub nehmen, um das Tier einzugewöhnen. Zur Eingewöhnung gehören Spaziergänge an der Leine, bei denen der Hund die Umgebung langsam kennen lernt. Sie können ihm zeigen, dass er sich bei Angst oder Unsicherheit auf seinen Platz zurückziehen kann. Stellen Sie seinen Napf und Korb von Anfang an an den endgültigen Platz.

Ihr neuer Freund muss das Gefühl von Sicherheit erst lernen. Vermeiden Sie laute Musik oder Besuch in den ersten Tagen. Das neue Familienmitglied sollte im Vordergrund stehen. Es gibt viele Tierauffangstationen, in denen die Hunde kein Spielzeug bekommen. Das hat den Grund, dass die Tiere sich untereinander in Stresssituationen für ein Spielzeug sogar umbringen würden. Ein Ball steht hier nicht für Spielen, sondern für Macht. Besorgen Sie für Ihren neuen Hund jede Menge artgerechtes Spielzeug, aber führen Sie ihm dies nur nach und nach zu. Alles auf einmal wäre zu viel für ihn. Sie sollten auch die Spielsachen in den ersten Wochen nicht berühren. Warten Sie lieber, bis Sie von ihm das Spielzeug als Geschenk bekommen.

Für die ersten Tage der Eingewöhnung empfiehlt sich die Gabe homöopathischer Arnica in einer D12-Potenz, am besten drei bis sieben Tage, dreimal täglich 4 Globuli. Ergänzen Sie diese Gabe mit täglich dreimal zwei bis drei Tropfen Bachblüten-Notfalltropfen, über mindestens sieben Tage hinweg.

Diese Behandlung hilft Ihrem Hund, alte Schocks loszulassen. Der Heilungsprozess kann einige Wochen oder Monate andauern, je nachdem was Ihr Hund erlebt hat. Ein Gespräch mit einem Tierkommunikator kann dem Tier helfen, seine Wünsche auszudrücken. Außerdem haben Sie die Möglichkeit, über seine Vorgeschichte einiges zu erfahren.

Hunde mit besonderen Aufgaben – Rettungshunde, Blindenhunde, Hütehunde und Spürhunde

Vor einigen Monaten landete ich an einem großen amerikanischen Flughafen. Als ich mit den anderen Passagieren neben dem Gepäckband auf meine Koffer wartete, traf mich eine geballte Ladung Energie an den Beinen. Ich drehte mich um und erblickte ein Beaglemädchen, das an der Leine seiner Polizistin zwischen den Beinen der Passagiere umherwanderte. Das Hundemädchen trug eine Art Uniform mit einem Abzeichen auf der Schulter. Unglaublich ernsthaft und konzentriert suchte es die Koffer ab. Dabei produzierte es starke Wellen von hellblauem Licht, jene, die mich auch getroffen hatten. Ich nahm bewusst keinen Kontakt auf, um es nicht zu stören. Bei einem Koffer blieb es stehen und legte die rechte Pfote darauf. Dann blickte es stur geradeaus. Ich habe noch nie so einen Einsatz beobachtet, war aber im Nachhinein tief beeindruckt. Die Aura der kleinen Dame war sehr gleichförmig und ihr Herzchakra produzierte funkelndes rosa Licht. Sie war offensichtlich glücklich.

Bei Hunden, die Aufgaben nachgehen, ist es wichtig, ihnen lange Entspannungsphasen zu gönnen und die Muskulatur zwischen den Schulterblättern zu entspannen. Leben Sie mit einem »dog with a job«, bitte ich Sie, zwischen seine Schultern zu fassen. Sie werden wahrscheinlich merken, dass dort große Spannung herrscht. Diese ist auf die Ernsthaftigkeit und Konzentration zurückzuführen, mit denen diese Hunde ihren Beruf ausüben.

Es sind besondere Tiere, die sich vor diesem Leben bereit erklärt haben, dem Menschen zu helfen. Hunde, die sich eine Aufgabe gesucht haben, sind meist sehr intelligent. Sie haben extrem klare Auraschichten, die meist alle gleich breit sind. Diese Hunde sind sehr ausgeglichen. Um diese Kraft und Energie zu erhalten, ist es wichtig, den Hund regelmäßig zu massieren und viel mit ihm zu spielen. Auch eine Dusche mit Meersalz hilft dem Hund, angesammelte negative Energien loszulassen. Nehmen Sie einfach etwas Meersalz in die Hand und reiben Sie Ihren Hund nach der ersten Shampoodusche damit ab. Das Salz bitte gut ausspülen. Entweder beobachten Sie jetzt, dass Ihr Hund sehr müde wird und sofort schlafen will, oder er hat wieder Zugang zu seiner Kraft und möchte toben.

Bei Blindenhunden habe ich erlebt, dass sie viel Traurigkeit und Schmerz von ihren Besitzern aufnehmen. Manchmal war kein Band der Herzensliebe vom Menschen zum Tier zu sehen. Wenn das Tier nicht als Freund im Team seine Arbeit tun kann, sondern nur Hilfsmittel ist, leidet es natürlich darunter. Solche Hunde haben mein tiefes Mitgefühl. Sie möchten dem Menschen helfen, sie geben und lieben, ohne dafür etwas zurückzubekommen.

Hochsensible Sinne und ein loyaler Charakter zeichnen Hütehunde aus. Ihre große Ausdauer und der Spaß, mit dem sie ihrer Aufgabe nachgehen, gibt diesen Hunden tiefe Befriedigung. Diese Tiere hegen, im Gegensatz zu allen anderen Hundearten, aus sich heraus den Wunsch, sich in ihrer Tätigkeit zu steigern. Der Ursprung für dieses Verhalten ist größtenteils auf den Schäfer oder Züchter zurückzuführen, aber auch auf die Gene der Eltern, die spezielle Eigenschaften vererben. Werden die Grundlagen für die Weiterentwicklung durch Herausforderung und Belohnung geschaffen, sind diese Tiere kaum zu stoppen.

Nach einigen Jahren in diesem Beruf ist die Aura eines solchen Hundes fast weiß und wird nur von einem schmalen dunklen Band am Außenrand der Aura gesäumt. Die Tiere erlangen einen fast meditativen inneren Zustand und erreichen dadurch im Alter sehr hohe Bewusstseinsebenen. Sie sind eins mit sich, der Umwelt und ihrer Aufgabe.

10. Hund vermisst!
Warum Hunde verschwinden
Übungen zur Kontaktaufnahme

Die Zahl der vermissten Hunde ist verglichen mit den vielen vermissten Katzen gering. Die meisten vermissten Hunde werden gestohlen, wenige unter ihnen laufen weg oder werden überfahren. Viele Tierhalter glauben immer noch, dass ein Chip, wie er vom Tierarzt eingesetzt wird, ein kleiner Peilsender ist. Dies ist leider nicht der Fall. Es handelt sich um einen Zahlencode, der über den PC der Tiersuchdienste und mancher Tierärzte beim Auffinden des Hundes die Adresse mitteilt.

Aus meiner Praxis weiß ich, dass es viele Vorurteile gegenüber Chips und »Tasso-Hundemarken« gibt. Viele glauben, dass die Adresse und persönlichen Daten des Hundehalters von jedem Finder abgelesen werden können. Tatsächlich ist es aber so, dass diese Adressen nicht sehr leicht zu dekodieren sind und in der Regel nur von Fachleuten entschlüsselt werden können. Aus eigener Erfahrung weiß ich, wie hilfreich und effektiv so ein Tiersuchdienst arbeiten kann und wie dadurch sehr schnell Hunde wieder zu ihren Besitzern finden können. Wenn man bedenkt, dass Ihre Adresse für sehr viel sinnlosere Sachen wie Payback-Karten, Gewinnspiele und Ähnliches gespeichert und weitergegeben wird, sehr oft sogar ohne Ihr Einverständnis, dann dürfte wohl die Speicherung der Adresse zum Zweck des Wiederfindens Ihres Hundes unbedenklich sein. Tiersuchdienste, wie z. B. Tasso, arbeiten kostenlos und finanzieren sich über Spendengelder. Seit kurzem gibt es auch einen Satellitensuchdienst für Hunde, der über ein GPS-Signal arbeitet.

Pro Jahr bekomme ich knapp 200 Suchaufträge für Hunde. Hunde telepatisch ausfindig zu machen ist durchaus möglich. Es fällt mir auf, dass die Mühen, die die Halter bereit sind, für die Suche ihres Hundes auf sich zu nehmen, und die Belohnungsbeträge, die sie bereit sind zu bezahlen, von Stadt zu Stadt und sogar von Land zu Land variieren. Während ich unter meinen Kunden in Deutschland sehe, dass sie bereit sind, höchstens 20 bis 50 Suchzettel zu verteilen und maximal 100 bis 150 Euro als Belohnung auszugeben, habe ich in den USA Kunden, die ohne weiteres 800 bis 1000 Flyer verteilen und bereit sind, als Finderlohn bis zu 2000 Dollar zu bezahlen. In den USA gibt es Detekteien, die sich ausschließlich auf die Suche von Tieren spezialisiert haben und mit der örtlichen Polizei zusammenarbeiten.

Ein Hund läuft nicht gerne von zu Hause weg. Es müssen gravierende Probleme in seinem Umfeld vorliegen, um das Tier zur Flucht zu bewegen. Ein Hund ist sehr duldsam. Dies hängt unter anderem mit seinem zugewiesenen Platz im Rudel zusammen. Mir haben viele Hunde erzählt, dass sie schlechte Behandlung von Seiten der Menschen als Rudelverhalten verstehen. Sie glauben, es ist auf ihre Rolle im Rudel zurückzuführen, dass sie schlecht behandelt werden. Sie sind der »Underdog«. Ein Alphatier kneift und beißt seine rangniederen Rudelmitglieder.

Damit Ihr Hund sich nicht dazu gezwungen fühlt, wegzulaufen, empfiehlt es sich bei einem Familienzuwachs oder einem Umzug, Ihren Hund einige Wochen vorher mit Bachblüten und mit einem Gespräch mit einem Tierkommunikator darauf vorzubereiten. Etliche meiner Kunden haben ihren Hund durch einen Umzug verloren. Sie

verloren ihren geliebten Freund, weil dessen Orientie-
rungssinn auf die Großstadt und nicht auf die Toskana
oder weite Felder eingestellt war. Ein weiterer Grund, wes-
halb Hunde weglaufen, ist ihr Jagdtrieb.

Vielen Hundehaltern ist es noch immer unbekannt,
dass die häufigste Ursache für das Verschwinden von
Hunden deren Diebstahl ist. Rassehunde sind natürlich
wegen ihres Wiederverkaufswerts mehr gefährdet als andere Hunde. Ich würde meinen Hund nie vor einem Geschäft oder Supermarkt anbinden. Sollten Sie als Passant
einen herumirrenden Hund aufgreifen, ist es das Beste, ihn
der Polizei zu übergeben, falls er keine Marke trägt. Sollte
sich langfristig kein Halter melden, können Sie das Tier
immer noch aus dem Tierheim holen.

Jäger schießen nach wie vor Hunde und Katzen ab, vor
allem, wenn diese ohne Besitzer im Wald unterwegs sind.
Ein Reflektorhalsband zeigt, dass der Hund einen Halter
hat, und macht die Größe des Hundes im Dunkeln sichtbar.

Beim Verschwinden eines Hundes arbeite ich mit einem Foto von dem Tier und einer Umgebungskarte von
dessen Wohnort. Beim Auffinden von vermissten Tieren
bin ich in 80 % der Fälle erfolgreich. Das Erspüren von
Hund und Katze hängt von verschiedenen Faktoren ab:

1. Wenn ein Halter zu seinem Hund eine klare spirituelle
   oder energetische Verbindung hat erleichtert dies die
   Kontaktaufnahme zum Hund.
2. Wenn ein Hund nicht unbedingt bereit zur Kontaktaufnahme ist oder sich sogar in seiner jetzigen Umgebung wohler fühlt als in der alten, wird das Medium
   enorme Schwierigkeiten haben, Kontakt zu ihm aufzunehmen.

3. Wenn ein Tier gestorben ist, wird es in der Anfangs-
phase schwierig sein, die Energie des verstorbenen Wesens von der Energie des lebendigen Tieres zu unterscheiden. Mir ist es einige Male passiert, dass ich ein
Tier gespürt und sogar Verbindung zu ihm aufgenommen habe, ohne zu wissen, dass das Tier bereits tot war.
4. Viele Halter machen sich von einem Reading falsche
Vorstellungen. Ein Reading dient in erster Linie dazu,
möglichst die Sichtweise, die Auffassung und die Wünsche des Tieres wiederzugeben. Es kann bei einem
Reading vorkommen, dass ein Tier sich selbst, seine
Umgebung und sein Verhältnis zu seinem Halter anders darstellt, als der Halter diese wahrnimmt. In solchen Fällen ist es manchmal schwierig, den Haltern
zu vermitteln, dass die Tiere eigenständige Lebewesen
sind, die die Welt nicht so wahrnehmen, wie wir dies
tun.

Sucht ein Tierkommunikator einen Hund, arbeitet er
nicht allein mit seinen telepathischen Fähigkeiten. Die
Hellsichtigkeit, die er unabhängig davon entwickelt hat,
spielt eine große Rolle beim Wiederfinden eines Tieres.

Es sind Gefühle, die den Kreislauf, den Herzschlag und
die Atmung des Hundes betreffen, über die ich zu den körperlichen Aussagen komme. Ich achte sehr darauf, ob der
Hund unterkühlt, verletzt oder hungrig ist. Dann ist Eile
geboten. Auch extreme Witterungsverhältnisse wie Kälte
und Schnee oder große Hitze gefährden das Tier.

Ich lese die Körpersignale, empfange die Bilder des
Hundes und spreche mit ihm. Dann muss ich meine Fähigkeiten einsetzen, um auf der Landkarte den Aufent-
haltsort des Tieres zu finden. Es ist oft ein langwieriger
Prozess, da Hunde weit streunen oder von Tierliebhabern

aufgenommen werden. Die Chancen insgesamt sind jedoch sehr gut.

Selbst wenn sich herausstellen sollte, dass Ihr Hund nicht mehr in diesem Leben ist, kann ein Gespräch sehr wertvoll sein. Es verschafft Ihnen Gewissheit und Sie können sich wirklich verabschieden. Sehr viele Hunde haben noch eine Botschaft für ihren Menschen. Sie lösen sich nicht komplett aus dem Energiefeld der Erde, bis sie sich mitgeteilt haben.

Einige Tipps für die Sicherheit Ihres Hundes:

- Er sollte eine Adresskapsel und evtl. einen Chip tragen. Wenn Sie können, setzen Sie in der Adresskapsel eine Belohnung aus. So kann er sozusagen von Ihnen zurückgekauft werden.
- Eine Tassomarke ist empfehlenswert.
- Binden Sie Ihren Hund nicht vor einem Geschäft an.
- Je kleiner das Tier, desto leichter ist es zu stehlen. Achten Sie also besonders auf Ihren kleinen Liebling.

Ich wünsche Ihnen von ganzem Herzen, dass Ihnen Ihr Freund nie abhanden kommt. Es ist eine der schlimmsten Erfahrungen überhaupt, die Ihnen unbedingt erspart bleiben sollte.

*E*rster Kontakt: Begegnen Sie einem Hund voller Liebe und Respekt, wenn Sie ein Gespräch beginnen.

*H*erzkommunikation: Über das Herzchakra ist es am einfachsten mit Ihrem Hund in einem Gespräch Kontakt aufzunehmen. Jeder spürt die Liebe des andern und öffnet sich der Kommunikation.

Die Aura Ihres Hundes ist am leichtesten mit leicht federnden Bewegungen von außen nach innen, zum Körper des Hundes, zu spüren.
Wenn Sie etwas Übung haben, erkennen Sie die unterschiedlichen Schichten, die die Aura bilden.

F ühlen der Chakren:
Die Chakren stehen
in enger Verbindung
mit den Organen
Ihres Hundes.
Mit leichten,
entspannten
Berührungen
können Sie diese
abfühlen und
so den Körper
des Tieres
besser verstehen.

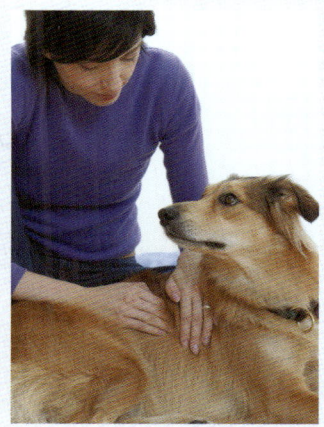

Mit Divine Healing können Sie das Energiefeld
ausgleichen. Ihr Tier kann so entspannen und ist
zugänglicher für ein Gespräch.

Während ich sein Photo betrachte, nehme ich
telepathischen Kontakt mit dem Hund auf,
parallel mache ich mir Notizen zu dem Gespräch.

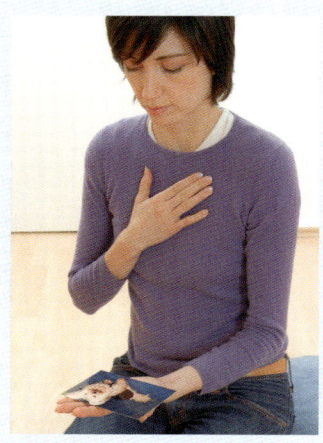

Mit dem Biotensor teste ich das passende Mittel für den Hund aus.

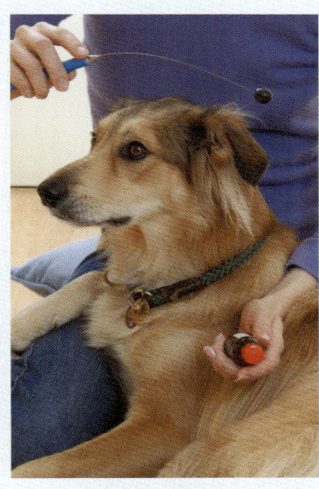

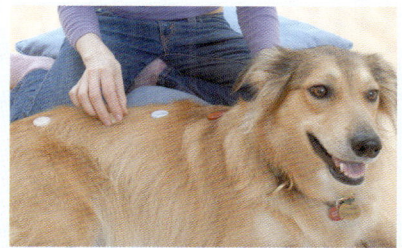

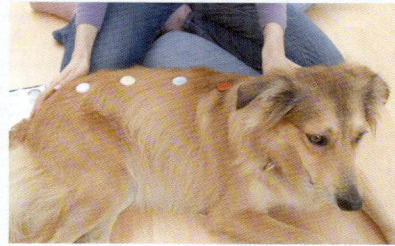

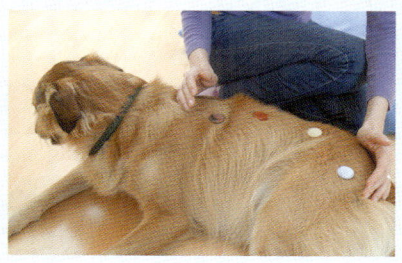

Durch das Auflegen von
speziellen Heilsteinen
gleiche ich die Chakren
des Hundes aus.
Blockaden, Belastungen
und Schmerzen
können so behandelt
werden.

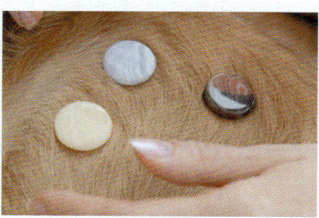

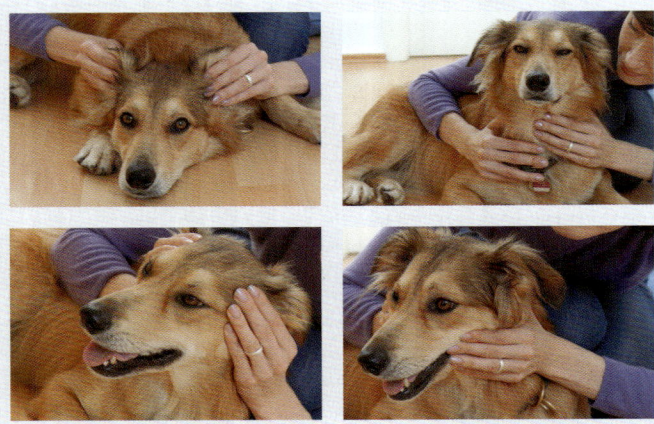

*S*unrise Touch: Bestimmte Meridianpunkte werden mit einer Kombination aus Energie und Berührung aufgeladen. Das Tier aktiviert so seine Selbstheilungskräfte.

*E*s gibt viele Meditationshaltungen; die hier gezeigten empfehle ich für Anfänger.

11. Kranker Hund – Ursachen und Wirkungen

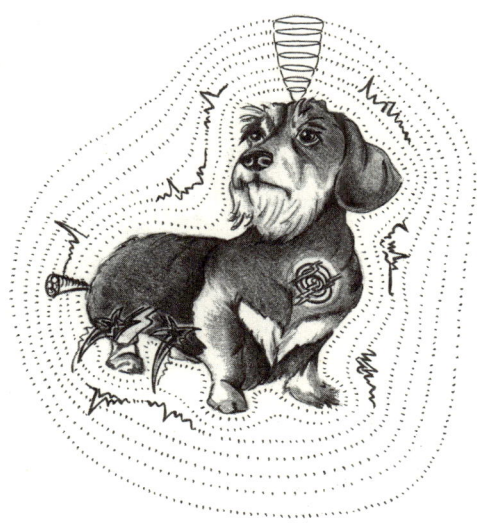

Gestörtes Energiefeld bei einem Dackel

Maßgeblich für das Energiesystem eines Hundes ist die Gesundheit seines Solarplexus. Hunde fangen sehr viele Gefühle und negative Energien aus ihrem Umfeld über den Solarplexus ab. Belastende Gefühle werden selten von anderen Tieren produziert, sondern meist von Menschen. Alle negativen Gefühle eines Menschen, wie Stress, Angst, Ärger oder Wut, werden in Form von Energien in die Umwelt abgegeben. Wenn Sie in Ihrer inneren Mitte sind und gut mit den Anforderungen des Alltags umgehen können, produzieren Sie neutrale oder im besten Fall positive Energien. Wenn Sie sich nicht wohl fühlen, gestresst sind oder Angst haben, belasten Sie mit diesen negativen Energien auch die Lebewesen in Ihrer Umgebung.

Diese werden von diesen Energien beeinflusst und spüren sie körperlich und seelisch. Da die Tiere sich generell gegen solche Einflüsse nicht wehren können, sind sie unseren Energien permanent ausgesetzt und versuchen sogar, uns dabei Belastungen abzunehmen. Man spricht hier auch von einem »sich opfernden« Wesen.

Viele Tiere, mit denen ich gesprochen habe, wünschen sich, dass ihr Mensch gesund ist und seine Aufgaben annimmt. Wieso z. B. gibt es bei wild lebenden Tieren verhältnismäßig wenig Krebserkrankungen, Abszesse und Hautleiden? Zum einen durch die natürliche Selektion, zum anderen durch die gute energetische Gesundheit der Tiere.

Es liegt in der Natur des Wolfes, Hundes und jeden Tieres, sich bei Krankheit zurückzuziehen, um sich zu regenerieren. Sie entziehen sich sogar dem Rudel und warten, bis sie wieder zu Kräften kommen. Dies bleibt den Tieren im Zusammenleben mit dem Menschen verwehrt. Probieren Sie Folgendes aus: Wenn Sie gestresst sind und das Gefühl haben, nicht zu sich zu finden, gehen Sie alleine auf ein Feld oder eine Wiese und setzen sich für ca. fünf Minuten. Schließen Sie die Augen und tun Sie nichts außer zu atmen. Lassen Sie alles los. Wenn Sie sich wirklich tief in diese Übung begeben, werden Sie merken, wie schnell sich Ihr Energiehaushalt positiv verändert.

Da Hunde diese Möglichkeit im Zusammenleben selten haben, liegt es an uns, Krankheiten nicht erst am Symptom, sondern schon in der Entstehung zu erkennen. Der Bodyscan ist hier ein gutes Hilfsmittel (siehe Kapitel 6). Feinfühlige Tierhalter sagen mir schon im Erstgespräch, dass sie fühlen, wenn etwas mit ihrem Tier nicht in Ordnung ist. Durch Meditation wird es Ihnen im Laufe der Zeit gelingen, Ihren Hund immer mehr zu spüren.

Dass der Hund stark über seinen Solarplexus empfängt, hat seinen Ursprung im Rudelverhalten des Hundes. Hunde sehen und empfinden sich als Teil einer Gemeinschaft, anders als Katzen, die sich primär als Individuen verstehen. Auf den Solarplexus (Nabelchakra) des Tieres wirkt außerdem die Nahrung, über die sehr viele Hunde über einen langen Zeitraum hinweg geschwächt werden.

Fast 98 % aller Futtersorten sind, obwohl sie vielleicht teuer sind, energetisch negativ. Die Futterbestandteile schwächen den Magen, Darm, Leber und Nieren, also die Organe, die dem Solarplexus und dem Sakralchakra zugeordnet sind. Der Solarplexus ist das Chakra, das am stärksten für das Verteilen von Energie im Körper und der Aura zuständig ist. Er wirkt wie ein Puffer zwischen dem Herzbereich und den Energien des Wurzelchakras. Hat der Solarplexus nicht mehr genügend Kraft um seine Arbeit zu verrichten, wird eine ohnehin schon geschwächte Körperpartie mit einem Symptom nach außen hin als Krankheit sichtbar. Das können die Atemwege, das Herz, die Nieren oder auch die Gelenke sein.

Die meisten Hunde sind recht lange gesund. Erst nach und nach bemerkt der Mensch, dass etwas mit seinem Vierbeiner nicht in Ordnung ist. Bei einem Hund ist eine Krankheit zu 80 % in der Aura aufgebaut, bevor sie sich im Körper manifestiert. Um eine endgültige und bleibende Heilung zu erreichen, muss man also zuerst alle Belastungen der Chakren und des Energiesystems beseitigen, um dann anschließend die körperlichen Symptome zu heilen. Dieser Weg ist nur durch ganzheitliche Heilung möglich. Leider kenne ich wenige ganzheitliche Tierärzte in Deutschland. Tierfreunde müssen bereit sein, einen längeren und unter Umständen kostspieligeren Weg für die Heilung zurückzulegen. In Deutschland und Österreich behandelt man fast ausschließlich die Symptome. Tierhalter haben noch immer Angst davor, einem Arzt zu widersprechen, oder scheuen sich davor, eine zweite Meinung einzuholen. Wahre Heilung bedeutet, den Ursprung der Krankheit zu erkennen und neben einer Schmerzlinderung oder Symptombehandlung auch daran zu arbeiten. Liebe und Geduld sind hier der Schlüssel.

Solche Zusammenhänge kann man einfach erkennen:

- Läuft Ihr Hund unruhig in der Wohnung auf und ab, obwohl er einen langen Spaziergang gemacht hat, und kommt nicht zur Ruhe, so sollten Sie selbst zur Ruhe kommen und die Räume energetisch reinigen und räuchern.
- Zwickt Ihr Hund Passanten oder kläfft, was das Zeug hält, ist der Halter meist selbst energetisch nicht klar.
- Markiert Ihr erwachsener Hund im Haus, obwohl er vorher Gassi war, wehrt er sich wahrscheinlich gegen Etwas.

Krankheit und Karma

Bei wenigen Tieren ist eine Krankheit von deren Seele als Lernaufgabe vorgesehen. Kurze, heftige Erkrankungen dienen meist dazu, den Menschen wieder mit dem Tier zu verbinden. Ich erlebe häufig, dass etwas »passieren« muss, damit ein Mensch wieder für seinen Hund da sein kann. Wenn Sie zu wenig Kraft für Ihr Tier haben, wie beispielsweise nach einer Trennung, ist es manchmal besser, zuerst zu sich selbst zu finden. Wenn Sie merken, dass Ihr

Leben nicht mehr funktioniert und Sie nur noch kämpfen, machen Sie Ihren Kampf nicht zu dem Ihres Tieres. Sie schaffen sonst Karma. Gönnen Sie Ihrem Tier eine Auszeit, z. B. bei Freunden oder den Eltern, und besuchen Sie es. Sie sollten natürlich vorab mit ihm sprechen und ihm die Lage erklären.

In meiner Praxis habe ich wundervolle Heilungen von Mensch und Hund erlebt. Beide haben so wieder zueinander gefunden. Sie sollten sich im Klaren darüber sein, dass, solange Sie nicht mit sich selbst im Reinen sind, Sie auch Ihren Hund nicht klar sehen und verstehen können. Genauso wenig, wie Sie Gefahren für sich wahrnehmen, spüren Sie mögliche Gefahren für Ihren Hund. Der Hund ist an uns gebunden. Wir ersetzen die Energie des Rudels, auch dessen Augen und Sinne. Ihr Hund wird trotz einer Gefahr nicht von Ihrer Seite weichen. Er hat irgendwann gelernt, dass Sie ihn beschützen. Was also, wenn Sie es nicht mehr können?

Ich möchte Ihnen von einem Erlebnis erzählen, das mich sehr geprägt hat.

Nach einem Streitgespräch mit meinem damaligen Freund ging ich vor einigen Jahren nachts mit meinem Mops Mercucio auf die Straße. Nach etwa 100 Metern sah ich einen großen schwarzen Hund auf dem Bürgersteig. Seine Aura war grau und rot und er war kurz davor, Mercucio anzugreifen. Da Mercucio mich beschützen wollte, ging er zum Angriff über. Mir war sofort klar, dass dieser Hund keine Gnade zeigen würde. Da dieser Hund spürte, dass ich mit meiner Energie und Aufmerksamkeit nicht bei Mercucio, sondern durch den Streit abgelenkt war, wurde er sehr aggressiv und wollte meinen Hund anfallen. Ich sprach in Gedanken ein Stoßgebet, mir wurde klar, was ich getan hatte. In diesem Augenblick kam die Halterin des Hundes um die Ecke und entschärfte die Situation, indem sie den Hund an seinem Halsband griff.

Wenn die Aura eines Hundes geschwächt ist, hat er die Möglichkeit, durch Sie Energie zu bekommen und seine Selbstheilungskräfte zu aktivieren. Dies geschieht, wenn er Ihre Nähe sucht und Sie konzentriert bei ihm sind. Das bedeutet, Sie geben ihm durch langsames Streicheln die Möglichkeit, komplett zu entspannen. Ihr Hund kann diese Regeneration nur dann nutzen, wenn Sie sich wirklich auf ihn konzentrieren und Zeit keine Rolle spielt. Streicheln hat einen ähnlichen Effekt auf einen Hund wie die oben erwähnte Meditation in der Natur auf einen Menschen.

Krankheit durch Ernährung

Die Nahrung nährt Körper und Seele eines Tieres in gleichem Maß. Es sollte nicht darum gehen, Ihren Hund einfach zu füttern, sondern wertvolle Nahrung zuzuführen, die seinen Körper und Geist stärkt und vital hält. Die meisten Hundefutter bestehen zum Großteil aus tierischen Nebenprodukten, also aus Abfall der Fleischindustrie. Wenn Futterhersteller genauso viel Geld in den Inhalt einer Dose wie in die Werbung stecken würden, wäre qualitativ schon einiges getan.

Wie können Sie feststellen, ob ein Hundefutter wirklich gut ist? Kaum ein Hundehalter macht sich die Mühe, sich wirklich mit der Nahrung seines Hundes auseinanderzusetzen, vielleicht weil es mühsam ist oder weil sie das Gefühl haben, zu wenig davon zu verstehen.

Ich habe vor langer Zeit begonnen, mich mit dem Thema Hundefutter zu beschäftigen. Ich habe Bücher über Bücher gelesen, diverse Zusammensetzungen studiert und vor allem die Hunde in meiner Praxis beobachtet. Kommt ein Hund mit seinem Menschen zu mir, frage ich immer nach seiner Ernährung. Ich kann nicht über den Zustand eines Tieres sprechen, ohne mich mit seinem Körper und dem, was ihm zugeführt wird, auseinanderzusetzen. Im Laufe der Jahre habe ich herausgefunden, dass bestimmte Futtermarken ähnliche Krankheitsbilder hervorrufen.

Das Futter nimmt sogar Einfluss auf den Geruch des Fells. Vor ca. fünf Jahren habe ich mit holistischen Tierärzten in den USA Kontakt aufgenommen. Es gibt dort tatsächlich Tierärzte, die mit alternativen Mitteln arbeiten, Heilenergien und den Zustand des Menschen in ihre Diagnose mit einbeziehen. Hundenahrung ist eines meiner großen Interessensgebiete. Die Ärzte, mit denen ich gesprochen habe, bestätigten meine Erfahrungen durch ihre Meinung. Sie kochen fast alle selbst für ihre Hunde.

Wenn Ihr Tierarzt auf ausschließlich eine Sorte Futter besteht, stellen Sie folgende Überlegung an: Würden Sie Ihrem Kind ausschließlich ein Nahrungsmittel zu essen geben, auch wenn es ein Kinderarzt verlangt? Sicher nicht. Der Unterschied zum Tier ist, dass das Tier in dieser Situation nicht mitsprechen kann. Ein Kind schon.

Die meisten Tierhalter haben Angst davor, das Futter zu wechseln. Natürlich muss eine Futterumstellung langsam stattfinden. Magen und Darm des Hundes müssen die neuen Informationen verarbeiten können.

Machen Sie den Test und nehmen Sie eine normale Dose oder Packung Hundefutter zur Hand, auf der beispielsweise »mit Rind« steht. Dann lesen Sie die Inhaltsstoffe nach. Das angepriesene Rind werden Sie zu wenigen Prozenten nach den Nebenerzeugnissen und anderen Inhaltsstoffen finden. Sogar wenn die Marke teuer und gut beworben ist, garantiert dies keine guten Inhaltsstoffe, eher das Gegenteil ist meist der Fall. Auch die Bio-Bezeichnung bei vielen Futtersorten ist meist nur ein Marketingtrick.

Normalerweise kann ein Hund durch seinen Geruchsinn sehr gut unterscheiden, was für ihn gut ist oder nicht. Die Hersteller, die in ihren Produkten Fleischabfall von kranken und verendeten Tieren beimischen, müssen mit sehr vielen künstlichen Geruchstoffen die Sinne Ihres Hundes täuschen. Daher bin ich bei Futtersorten, die sehr stark riechen, immer skeptisch. Es ist bewiesen, dass viele Zusatzstoffe krebserregend sind. Seien Sie auch vorsichtig, wenn Sie Marken wechseln, denn viele Marken stammen von demselben Hersteller und sind somit nicht wirklich »anders«. Von mir empfohlene Futtersorten finden Sie im Anhang.

Der Hund bekommt über viele Jahre hinweg etwas zu essen vorgesetzt, was er in der freien Wildbahn nicht anfassen würde. Es ist nur eine Frage der Zeit, bis Nieren, Herz oder Leber reagieren. Eine gute Ausleitung (siehe Anhang) und gesunde Kost können das Leben Ihres Hundes deutlich verlängern.

Gutes Hundefutter selbst herstellen
Um wirklich sicher zu sein, was in den Napf Ihres Hundes kommt, müssen Sie selbst kochen. Es gibt einige Firmen, die im Anhang des Buches erwähnt sind, die Hundenahrung herstellen, die qualitativ sehr hochwertig ist.

Beim Einkauf achten Sie bitte auf hochwertiges Biofleisch und Gemüse, etc. Nur frische, lebendige Zutaten kann das feinstoffliche System Ihres Hundes optimal verwerten. Unsere Nahrung lebt. Enzyme und positiv wirkende Bakterien finden sich nur in frischem Futter. Enzyme sind Proteine, die vom Körper gebraucht werden, um unter anderem Nahrung erfolgreich zu verdauen. Hat der Körper zu wenig eigene Enzyme, greift er Vorräte in den Organen und Zellen an. Es ist daher wichtig, dass die Nahrung eines Hundes enzymhaltig ist. Rohes Fleisch enthält Enzyme; Sie können aber z. B. auch Ananasenzyme in kleinen Mengen zuführen. Sie füttern Leben und Körperenergie. Wichtig ist auch die Zubereitung des Futters. Nährstoffe, Vitamine werden in herkömmlichem Hundefutter, vor allem im Trockenfutter, regelrecht abgetötet, um das Futter haltbar zu machen. Die verlorenen Stoffe werden später wieder zugeführt, aber letzten Endes ist es doch ein künstlicher Prozess. Es ist, als ob Sie billigstes Treibhausgemüse essen, totkochen und dann zusätzlich Vitamine einnehmen.

Das einfachste Rezept für hochwertiges Hundefutter:

- 1/3 rohes biologisches Fleisch wie Pute, Lamm oder Huhn (bitte kein Schwein). Das Fleisch können Sie einmal pro Woche durch Linsen oder Tofu ersetzen. Bei Rindfleisch rate ich zur Vorsicht. Aggressive Hunde werden davon noch ungehaltener und es wirkt auf das Energiesystem vieler Hunde belastend.
- 1/3 Gemüse wie Karotten, Kartoffeln, Brokkoli
- 1/3 brauner Reis oder Nudeln (auch Getreide wie Hafer, Mais, Gerste, Roggen oder Hirse) Mischen Sie anfänglich braunen Reis mit weißem Reis, da viele Hunde davon sonst am Anfang Durchfall bekommen.
- 1 Teelöffel Oliven – oder Distelöl

Ein hochwertiger Nahrungszusatz wie z. B. Hogamix sollte unbedingt zugefüttert werden. Achten Sie bei Nahrungszusätzen darauf, dass diese ausschließlich natürlichen Ursprungs sind.

Das Fleisch sollten Sie langsam durchgaren und den Reis oder die Nudeln am besten in dem Garwasser mitkochen. Am Ende der Garzeit geben Sie die Vitamine und Mineralien in das fertige Futter. Die Menge reicht gut für zwei bis drei Portionen, welche bei Zimmertemperatur gereicht werden sollten (bitte nie kalt aus dem Kühlschrank).

Ich mische einmal pro Woche zusätzlich ein rohes Bioei, einen Becher Hüttenkäse und eine Knoblauchzehe dem Futter hinzu. Knoblauch und Bärlauch sind sehr gute Mittel gegen Würmer und Parasiten.

Hat Ihr Hund ein Nierenproblem oder eine weitere Unverträglichkeit, sprechen Sie die Inhaltsstoffe mit Ihrem Tierarzt ab.

Wasser

Das Wasser ist genauso lebendig oder tot wie unsere Nahrung. Auch wenn Sie denken, aus Ihrem Hahn fließt gutes Wasser, befinden sich Chlor und Blei in den Leitungen und Medikamentenrückstände verseuchen es. Das städtische Trinkwasser ist tot. Als Mensch trinken Sie viele andere Flüssigkeiten, Säfte, Softgetränke oder Wasser aus der Flasche. Bei Letzterem rate ich zu Glasflaschen, da das Plastik auch Weichmacher in das Wasser abgibt, die Sie mittrinken. Ihr Hund bekommt sein Wasser wahrscheinlich ausschließlich aus der Leitung. Katzen oder Hunde, die aus Pfützen oder Vogeltränken trinken, trinken weiches, belebtes Wasser. Auf Dauer enthält es aber leider zu viele Bakterien.

Hat Ihr Hund Nierenprobleme oder neigt er zu Entzündungen, nehmen Sie lieber Wasser aus Flaschen, das auch zur Säuglingsernährung dient. Die meisten Tiere trinken deutlich mehr, wenn die Wasserqualität besser ist. Wenn Sie wirklich etwas an der Wasserqualität für sich und Ihren Hund ändern möchten, bauen Sie einen Wasserfilter ein. Es gibt mittlerweile sehr gute Geräte, mit denen Sie sich auch das ewige Wasserschleppen ersparen (siehe Anhang).

Medikamente

Es ist schwer zu glauben, dass Medikamente, die konzipiert wurden, um eine Krankheit zu kurieren, dem Körper meist mehr schaden als nutzen. Leider ist der Anteil wirklicher Heilmittel in einem Medikament sehr gering, meist sind es nur 30 %. Alle anderen darin enthaltenen Stoffe schwächen den Körper an einem anderen Organ, welches zu diesem Zeitpunkt noch intakt ist.

Medikamente sind wichtig, wenn sie Leben retten, Schmerz lindern oder als Erstmedikation dringend notwenig sind, aber es ist nicht ratsam, junge Hunde bei einer leichten Herzschwäche sofort mit Tabletten zu versorgen. Sinnvoller ist es, das Herz in solchen Fällen mit alternativen Heilmitteln, wie z. B. Weißdorn und leichtem Aufbausport, zu stärken. Homöopathie und Spagyrik sowie fundierte Energiebehandlungen schwächen weder die Aura noch unterdrücken sie den natürlichen Prozess der Heilung. Oft werden die wahren Ursachen erst bei der Besprechung der Lebensumstände des Tieres erkannt und können mit einfachen Gaben sanft korrigiert werden.

Da nur die wenigsten ihr Tier zur Verträglichkeit von Medikamenten befragen können, sind sie auf einen Tierarzt angewiesen. Während Sie dieses Buch lesen, ist Ihnen vielleicht aufgefallen, dass ich kaum von Heilpraktikern spreche. Dies hat seine Gründe. Zum einen kenne ich die Mentalität von vielen Tierheilpraktikern, die oft genauso wenig Feingefühl für Tiere haben wie Tierärzte. Zum anderen sind die wenigsten Tierheilpraktiker wirklich gut ausgebildet. Wenn ich von Klienten mit Tierheilpraktikern in Kontakt gebracht werde, um über ihre Tiere zu sprechen, bin ich oft schockiert. Die meisten Tierheilpraktiker, die doch ein gutes Gefühl für das gesamte Tier haben sollten, sind in der Symptommedizin verhaftet. Meine Achtung gilt den Tierheilpaktikern, die ein wirklich fundiertes Wissen haben und versuchen, Tiere mit hohem Bewusstsein zu heilen.

Zur Verteidigung der Tierärzte möchte ich hier sagen, dass viele Tierhalter schnelle und günstige Lösungen erwarten. Wenn die Creme oder Tablette des Tierarztes nicht sofort hilft, taugt dieser nichts und man wandert zum nächsten. Viele Praxen haben so nicht die Möglichkeit, einen anderen Weg zu gehen.

Medikamente schwächen die Aura und wirken so wiederum auf den physischen Körper des Tieres. Bei langer Medikamentengabe ist eine erneute Erkrankung zu erwarten. Cortison ist zu einer schnellen Lösung für viele Probleme geworden. Es unterdrückt den natürlichen Heilungsprozess und lindert alle Entzündungen im Körper. Die Ursache der Problematik wird bei der Gabe von Cortison jedoch nicht in Betracht gezogen.

Das Frauchen der Cockerspaniel-Dame Babette hatte mich auf einen Zeitungsartikel hin angerufen. Sie wollte wissen, ob ich für Babette einen Rat hätte. Die vierjährige

Hündin bekam von Welpenalter an hohe Gaben Cortison. Babette litt an einer angeborenen Autoimmunkrankheit. Ohne die Gabe von Cortison war das Fleisch in ihrem Maul und Rachen offen und schwer entzündet. Sie war aufgrund des Cortisons müde und aufgedunsen. Wir begannen mit einer Fernheilung, um zu sehen, wie Babette reagieren würde. Laut ihres Frauchens hopste sie schon am nächsten Tag zum ersten Mal seit Monaten munter beim Spaziergang und war deutlich beweglicher.

Daraufhin behandelte ich Babette alle zwei Wochen mit einer Fernheilsitzung. Zusätzlich gaben wir koloidales Silber, um den Körper zu reinigen und die Hundedame langsam auf ein natürliches Antibiotikum umzustellen. Sie bekam es per Sprühkopf in den Rachen. Trotz der Cortisongabe heilten die Entzündungen an Hals und Rachen endlich ab. Nach einigen Monaten begannen wir die Cortisondosis deutlich zu senken. Babette ging es sichtlich besser. Heute, ein Jahr später, lebt sie mit einer Gabe von 0,2 mg Cortison anstelle von 2,7 mg pro Tag. Ihr geht es blendend. Ich bin zuversichtlich, dass Babette mit der Zeit vollständig geheilt werden kann. Sie hat keinerlei Schwellungen und ist nicht mehr träge. Ihrer behandelnden Tierärztin bin ich bis heute nicht ganz geheuer. Dabei habe ich zusammen mit der Halterin nur das geschwächte Energiefeld Stück für Stück aufgebaut. Das koloidale Silber hat das Cortison ersetzt. Heute bekommt Babette 15 Minuten Heilung alle sechs Wochen und jeden dritten Tag einen Sprühstoß Silber in ihr Mäulchen.

Woran erkennt man einen guten Tierarzt?
Ein guter Tierarzt hält sich an seine Termine und stopft sein Wartezimmer nicht mit Tieren voll. Fragen Sie nach, ob er auch eine Ausbildung in alternativen Heilmethoden

wie Homöopathie oder Akupunktur hat. Es ist Ihr Geld, also können Sie auch die Sitzung bestimmen.

- Klären Sie von Anfang an, ob er für ein eventuelles Einschläfern zu Ihnen nach Hause kommen würde. Lehnt er dies ab, suchen Sie sich einen neuen Arzt.
- Geht er sanft und liebevoll mit Ihrem Tier um? Gibt er Ihrem Hund Zeit, die Situation zu erfassen und sich zu beruhigen?
- Empfiehlt er Ihnen Experten oder lässt er nur seine Meinung gelten?
- Gibt es eine Notrufnummer oder Vertretung?

Impfungen
Für Hunde sind Impfungen unerlässlich. Anders als Katzen haben sie dauernd Kontakt mit anderen Hunden und laufen im Wald herum. Meiner Meinung nach sollte jeder Hund einen Grundschutz haben, d. h., die ersten Impfungen für einen Welpen sollten alle durchgeführt werden.

Weitere Impfungen sind aber eine Gewissensfrage. Bekommt ein Hund eine Tollwutimpfung, schützt diese nur gegen ca. 20 % der Tollwuterreger. Impfungen verändern immer die Aura und den Energiehaushalt eines Tieres. Das Tier wird dazu gebracht, Antikörper zu entwickeln.

Versuchen Sie, eine Impfung durch eine passende Ausleitung (Heilpraktiker) oder Energiebehandlungen in ihren Auswirkungen zu mildern. Energie kann die Impfstoffe nicht aus dem Körper leiten, wohl aber die Aura des Hundes harmonisieren. Auch die Gabe der Bachblüte Crab Apple mildert die Folgen einer Impfung. Das Tier ist normalerweise geschwächt und muss sein Energiesystem erst wieder regenerieren. Sie sollten also bis zum dritten Tag nach einer Impfung keine großen Touren machen.

Bitte geben Sie niemals eine Impfung und eine Wurm-
kur gleichzeitig. Für Ihren Hund ist dies der blanke Hor-
ror. Viele Tierärzte vergessen, ihre Kunden darauf hinzu-
weisen, dass mindestens zwei Wochen Abstand zwischen
Impfung und Entwurmung liegen sollten.

Ein kleiner Tipp noch zum Entwurmen: Sie können für
wenig Geld den Kot Ihres Hundes auf Würmer untersu-
chen lassen. In der Regel kann das jede Tierarztpraxis.
Erst wenn das Ergebnis positiv ist, würde ich den Hund
entwurmen. So ersparen Sie Ihrem Hund jede Menge Belastung.

Strahlung

Leider sind unsere Wohnräume immer mehr von Strahlung und Elektrosmog verseucht. Diese Strahlung schwächt
das Energiefeld eines Tieres sehr schnell, ohne dass die
Menschen ahnen, warum es ihrem Tier schlecht geht.

Ich habe Tiere erlebt, die zwei Wochen nach dem Auf-
stellen eines Handymastes auf dem Dach Krebs bekamen.
Bei allen war das Gefühl der Belastung deutlich wahrnehmbar. Deswegen möchte ich Ihnen raten, in so einem
Fall umzuziehen. Und der Korb Ihres Hundes sollte nicht
zwischen zwei Steckdosen oder neben der Stereoanlage
stehen.

Mangelnder Auslauf

Viele Menschen verstärken die Schwäche im Solarplexus
ihres Hundes durch zu wenig Auslauf. Hat das Tier zu
wenig Bewegung, können sich die Chakren nicht vollständig aufladen und Blockaden etc. werden nicht ganz von
der Aura gelöst. Eine Stunde Auslauf pro Tag ist das Mi-
nimum. Ich rate zu ein bis drei Stunden je nach Alter,
Kondition und Rasse des Hundes.

Wenn ein Hund zu selten Stuhlgang hat, schwächt ihn dies auf Dauer. Der Bauch beginnt sich immer mehr zu verkrampfen und es wird viel Energie verbraucht, um ein Malheur in der Wohnung zu vermeiden. Gehen Sie zu wenig Gassi, quälen Sie Ihren Hund. Wenn Sie nicht wirklich sicher sind, ob Ihr Hund noch einmal muss, gehen Sie sicherheitshalber noch einmal vor die Tür. Zu wenig Gassi wird von vielen Hunden beklagt.

12. Die häufigsten Hundekrankheiten und ihr energetischer Hintergrund

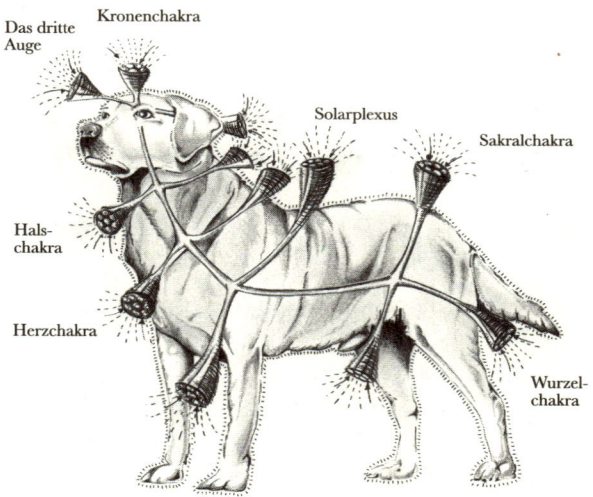

Gesunde Chakren eines Labradors

In diesem Kapitel möchte ich Ihnen die häufigsten Krankheiten bei Hunden und ihren energetischen Ursprung erklären. Es handelt sich um einen generellen Überblick. Natürlich müssen individuelle Krankheitswege bei der Behandlung berücksichtigt werden.

Vorab möchte ich Ihnen noch Folgendes empfehlen, damit Ihr Hund glücklich und gesund bleibt:

Spielen Sie ausgiebig und viel. Spielen hilft Ihrem Hund und Ihnen, Spannungen und Stress abzubauen. Sie haben so eine wunderbare Möglichkeit, das Wesen Ihres Hundes kennen zu lernen, und gewinnen immer mehr Vertrauen.

Halten Sie regelmäßige Spaziergänge und Essenszeiten für Ihren Hund ein. Dies hilft Ihrem Tier, einen sicheren Lebensrhythmus zu finden und sich zu entspannen.

Investieren Sie in gute Ernährung. Was Sie in den Kinderjahren eines Hundes für seine Ernährung tun, macht sich im Alter bezahlt. Ihr Hund fühlt sich vitaler und seine Aura bleibt stark.

Anmerkung: Wenn Sie im folgenden Text bei verschiedenen Krankheiten eine Beschreibung des Chakras finden, geht es darum, Ihnen mitzuteilen, in welchem Chakrabereich sich die Schwäche befindet. Sie können dann gezielt in dem jeweiligen Bereich energetisch heilen.

Körperliche Erkrankungen und deren energetische Ursache

Zwingerhusten

Als Zwingerhusten wird eine Erkrankung der oberen Atemwege von Hunden bezeichnet, deren Symptomatik durch verschiedene Erreger ausgelöst werden kann. Am häufigsten beobachtet wird hierbei das canine Parainfluenzavirus (CPIV) und das Bakterium Bordetella bronchiseptica, welches auch an der Ausbildung des Katzenschnupfen-Komplexes beteiligt ist. Gegen beide Erreger besteht die Möglichkeit einer Impfung.

Energetisch-spiritueller Hintergrund: Das Tier hat zu wenig Freiraum, sein Besitzer spricht nicht aus, was er denkt. Das zweite und das fünfte Chakra sind geschwächt.

Behandlung: Antibiotika. Alternativ: Echinacea (pro 500 g Körpergewicht ca. zweimal sechs Tropfen täglich), Vitamin C als Pulver, Loquat Extrakt (Eriobotrya japonica). Die Japanische Mistel beruhigt den Hals Ihres Hundes. Gleichzeitig wird sein Halschakra durch die Energie der Pflanze gestärkt. Pro 500 g Körpergewicht ca. 1/8 Teelöffel täglich über eine Woche hinweg.

Rheuma

Als Rheuma werden allgemein Beschwerden am Stütz- und Bewegungsapparat mit fließenden, reißenden und ziehenden Schmerzen bezeichnet, die oft mit funktioneller Einschränkung einhergehen.

Energetisch-spiritueller Hintergrund: Der Hund kann seine Last nicht mehr tragen, alles ist ihm zu viel. Mitursache ist eine Übersäuerung des Organismus. Schwäche im ersten, zweiten und vierten Chakra.

Behandlung: Vitamin C und E. Sanfte Massagen und Wärme. Basenpulver. Grünlippmuschelextrakt und Aura-Soma-Balance-Öl Nr. 1. Bachblüte Crab Apple zum sanften Ausleiten.

Allergien

Als eine Allergie wird eine überschießende und unerwünschte heftige Abwehrreaktion des Immunsystems auf bestimmte und normalerweise harmlose Umweltstoffe bezeichnet, auf die der Körper mit Entzündungszeichen und der Bildung von Antikörpern reagiert.

Energetisch-spiritueller Hintergrund: Der Hund hat wenig Auraschutz, er neigt zu Selbstvorwürfen. Möglicherweise befindet sich eine Elektrosmogquelle in der Nähe. Unbedingt auch das Futter im Resonanztest testen lassen. Fünfte, sechste und siebte Auraschicht sind schwach.

Behandlung: Mehr Gemüse, weniger Fleisch. Wasserqualität überprüfen. Am Lebenswillen arbeiten. Calendula-Creme. Echinacea (2 bis 4 Tropfen in einer Spritze mit Wasser aufgezogen ins Maul über mindestens vier Tage hinweg). Lauwarme Bäder mit Kleie, die Kur einwirken lassen und abspülen. Die Bachblüten Agrimoy, Beech, Cherry Plum und Crab Apple.

Herzprobleme

Der Hund hat Herzrhythmusstörungen, er hat keine Ausdauer, spielt nicht mehr lange oder gar nicht mehr und ist manchmal zu kurzatmig.

Energetisch-spiritueller Hintergrund: Der Hund liebt zu sehr. Er möchte es allen recht machen. Das Tier kennt seinen wahren Platz nicht. Schwäche im vierten Chakra.

Behandlung: Weißdornextrakt aus dem Reformhaus (Dosierung nach Gewicht, siehe Flasche). Massagen mit dem Aura-Soma-Balance-Öl Lady Nada. Mehr Ruhe in der Umgebung. Bachblüten Elm und Heather.

Parasiten

Parasitismus ist die Wechselwirkung von Organismen unterschiedlicher Arten, bei denen sich der Vertreter der einen Art (der Parasit) aufgrund physiologischer, oft auch struktureller Besonderheiten zeitweise oder auch ständig an oder in einem anderen, in der Regel größeren, Lebewesen (dem Wirt) aufhalten muss, um die für seinen Stoffwechsel oder zur Erzeugung von Nachkommen notwendigen Bedingungen zu finden.

Flöhe

Energetisch-spiritueller Hintergrund: Schwache Aura. Zu viel passiert zur selben Zeit.

Behandlung: Flohshampoos und, um den Juckreiz zu mildern, die homöopathische Nosode Ctenocephalides Potenz 12x (sollte ausgetestet werden). Sollte das Problem öfter auftreten, schützt das Auraschutzspray Citroens V4. der Firma Phylak.

Würmer

Energetisch-spiritueller Hintergrund: Der Mensch schenkt dem Hund zu wenig Aufmerksamkeit. Der Hund ist einsam oder hat zu viel Stress.

Behandlung: Aura-Soma-Balance-Öl Nr. 26. Ins Futter pro 1000 g Körpergewicht 1 Knoblauchzehe am Tag. In das Futter Kleie oder Weizenschrot, 1/2 Teelöffel pro 500 g Körpergewicht. Maximal zwei Teelöffel zum normalen Futter hinzufügen. Über eine Woche hinweg täglich gekochte Süßkartoffeln in das Futter geben. Das stärkt und stabilisiert den Magen. Wenn das Tier viel Blut verloren hat (manche Würmer saugen regelrecht den

Hund aus) zweimal wöchentlich bis zu maximal vier Wochen rohe Leber zufüttern. Sollten Würmer aus dem Maul oder After des Tieres kommen, unbedingt den Tierarzt aufsuchen.

Augenentzündung

Aus medizinischer Sicht werden Augenentzündungen fast immer durch Bakterien verursacht. Im Fall einer akuten Entzündung, die mit Eiter einhergeht, sollte der Tierarzt konsultiert werden.

Energetisch und spirituell geht man bei einer Augenentzündung von zu viel Belastung im Leben aus. Der Hund kann entweder durch verschiedene äußerliche Faktoren gestresst oder überlastet sein. Es kann auch sein, dass der Halter mit dem Hund überfordert ist und diese Stresssituation wird vom Hund aufgenommen.

Energetisch-spiritueller Hintergrund: Schwäche im zweiten, sechsten und siebten Chakra.

Behandlung: Gefühle über die vierte und dritte Auraschicht heilen. Leber mit Heilbehandlungen ausgleichen. Aus der TCM (traditionelle chinesische Medizin) hilft Chrysanthemumpuder, pro 500 g Körpergewicht zweimal täglich 1/4 Teelöffel über mindestens eine Woche hinweg verabreichen.

Homöopathische Behandlung:
- Belladonna C30, dreimal täglich fünf Globuli, drei Tage lang, bei entzündeten roten Augen.
- Arnica C30, dreimal täglich fünf Globuli, drei Tage lang, wenn die Haut um die Augen herum geschwollen und wund ist.

– Symphytum C30, dreimal täglich fünf Globuli, drei Tage lang, wenn die Augen durch einen Schlag oder Aufprall getroffen wurden.
– Pulsatilla C30, dreimal täglich fünf Globuli, drei Tage lang, bei roten Augen und grün-gelbem Ausfluss.
– Euphrasia C30, dreimal täglich fünf Globuli, drei Tage lang, bei heftigem Augentränen.

In akuten Fällen acht bis zehn Globuli auf die Zunge geben und eine halbe Stunde warten. Hat sich der Zustand nicht verändert, noch einmal wiederholen, dann erst an den Folgetagen jeweils einmal wiederholen. Bei sehr kleinen Hunden ist weniger mehr, eine kleinere Dosis reicht aus.

Ohrmilben
Die Milben leben im äußeren Gehörgang bzw. der inneren Ohrmuschel, wo sie die Haut anstechen und sich von der austretenden Lymphflüssigkeit ernähren. Dies führt zu Juckreiz, vermehrter Absonderung von Ohrschmalz und daraufhin zu Entzündungen im Gehörgang. Durch eine zusätzliche bakterielle Infektion wird das Ohr eitrig. Dann sind meist keine Milben mehr zu finden. Es befindet sich rötlich-braunes bis schwarzes Ohrschmalz in großen Mengen im äußeren Gehörgang, verbunden mit starkem Juckreiz. Später bilden sich Krusten und Borken am Ohrrand und Ohrgrund. Heftiges Kopfschütteln und Kratzen im Ohrbereich sind weitere Symptome.

Energetisch-spiritueller Hintergrund: Der Hund will nichts mehr hören. Die negative Einstellung seines Halters ist ihm zu anstrengend. Er empfindet zu viel Stress und Unruhe.

Behandlung: Schwäche des zweiten, vierten und sechsten Chakras. Spülen Sie die Ohren mit grünem Tee. (Einen Teelöffel grüne Teeblätter in einer Tasse überbrühen, dann abgießen. Auf Raumtemperatur abkühlen lassen und mit einer Pipette in die Ohren tropfen. Mit einem Tuch sanft ausreiben. Mit dem Schütteln sollte der Hund Reste des Tees zusammen mit den Milben loswerden.) Sie können auch Mandelöl in die Ohren tropfen und diese sanft ausreiben. Zusätzlich Vitamin C und Echinacea verabreichen.

Rückenprobleme

Energetisch-spiritueller Hintergrund: Der Hund wurde zu viel angefasst. Häufiges Streicheln und Abladen von menschlichen Gefühlen und Energien auf den Hund, ohne seinen Raum zu wahren, sind meist die Ursache.

Behandlung: Der Energiefluss der hinteren Chakren ist gestaut, eine energetische Behandlung der gesamten hinteren Chakren sollte vorgenommen werden. Vorne müssen das erste und zweite Chakra behandelt werden. Wärme oder Kältepackungen können Entspannung bringen. Aura-Soma-Balance-Öl Nr. 78, über Rücken und Hinterkopf sanft einmassieren.

Hüftgelenksdysplasie

Die Hüftdysplasie oder Hüftgelenksdysplasie (HD) ist eine Fehlentwicklung des Hüftgelenks. Betroffen sind sämtliche Hunderassen, wobei bei großwüchsigen Rassen dieses Krankheitsbild besonders häufig auftaucht. Der Deutsche Schäferhund ist wohl der bekannteste Vertreter dieser Krankheit.

Die HD ist zu großen Teilen genetisch bedingt. Da falsche Ernährung und Haltung die Entstehung oder das Fortschreiten der Krankheit begünstigen können, spricht man von einer multifaktoriellen (von vielen Faktoren abhängigen) Erkrankung.

Energetisch-spiritueller Hintergrund: Der Hund hat zu viele negative Energien aus der Umgebung aufgenommen. Durch schlechte Ernährung und nicht artgerechte Haltung kann er diese Energien und Schwingungen nicht transformieren. Schwäche im ersten, zweiten und eventuell auch im dritten Chakra.

Behandlung: Akupunktur, Energiebehandlungen an der ganzen Wirbelsäule (Pranakanal). Aura-Soma-Öl Nr. 89 (nur morgens einmassieren). Bachblüte: Crab Apple. Umstellung der Ernährung auf leichtere und gesündere Kost kann sehr hilfreich sein.

Psychische Probleme und deren energetischer Hintergrund

Aggression

Aggression wird fast immer durch Ängste erzeugt. Zu frühe Trennung von der Mutter und schlechte Behandlung im Welpen- und Jugendalter sind die häufigsten Ursachen.

Energetisch-spiritueller Hintergrund: Mangelhafte Entwicklung der zweiten und dritten Auraschicht während des Welpenalters. Zu wenig Raum und Auslauf. Der Halter kümmert sich zu wenig oder zu viel um den Hund. Der Hund kann seine eigene Aura nicht spüren.

Behandlung: Vermitteln Sie Ihrem Hund ein Gefühl von Sicherheit. Vertrauen muss wieder aufgebaut werden. Auch Tierkommunikation, energetische Heilbehandlungen und Hundetraining helfen. Aura-Soma-Balance-Öl Nr. 11, über Herz und Solarplexus massieren. Die Gabe der Bachblüten Cherry Plum, Willow und Star of Bethlehem.

Homöopathie:
- Lachesis D12 bei Eifersucht
- Tarantula D12 oder Hyoscyamus D12 oder Natrium Muraticum D12 bei allgemeinen Angstzuständen

Die genannten Mittel bitte nur nach Absprache mit einem Therapeuten geben, da sie stark wirken können.

Angst

Angst deutet in aller Regel auf mangelndes Vertrauen und Glauben hin. Dieses Gefühl kann der Hund entweder auf sich selbst beziehen oder auf seinen Halter. Gerade Tierheimhunde können stark unter dem Erlebten leiden und aus diesen Erfahrungen einen Zustand der starken Angst entwickeln. Achten Sie im Zusammenleben mit einem solchen Tier darauf, dass Sie seine Ängste nicht durch Ihre eigenen verstärken. Sie müssen den Rahmen schaffen, worin der Hund das Vertrauen und die Kraft zur Veränderung zulassen kann.

Verschiedene Formen der Angst erfordern unterschiedliche Behandlungen. Durch einen Tierkommunikator herauszufinden, worin die Angst begründet ist, ist ein wichtiger erster Schritt.

– Angst vor dem Alleinsein

Wohnräume mit Weihrauch reinigen. Täglich sanfte Streichelmassagen mit Aura-Soma-Balance-Öl Nr. 63 und 46. Aura-Soma-Gold-Pomander in der Wohnung versprühen. Die Gabe der Bachblüten Pine, Aspen, Scleranthus und Centaury.

– Angst vor anderen Hunden

Besuche auf dem Hundespielplatz (langsam beginnen). Mutiges Verhalten belohnen. Kräftige Massagen im Schulter- und Nackenbereich mit dem Aura-Soma-Balance-Öl Nr. 77. Aura-Soma-Pomander in Tiefblau. Die Gabe der Bachblüten Cherry, Plum und Mimulus.

– Angst vor Menschen

Langsames Heranführen von Menschen im vertrauten Kreis, am besten auf dem Boden sitzend. Aura-Soma-Balance-Öl Nr. 55. Das Verabreichen der Bachblüten Mimulus und Larch.

– Angst vor dem Fliegen, dem Zug- und Autofahren

In einer Meditation Raum für das Tier schaffen. Der Halter selbst muss der Situation sehr ruhig begegnen. Aura-Soma-Balance-Öl Nr. 26 über Rücken und Brust massieren; beginnen Sie zwei Tage vor Antritt der Reise damit, bis Sie am Zielort angekommen sind. Aura-Soma-Pomander Gold. Verabreichen Sie Bachblüten-Notfalltropfen schon zwei Tage vor der Abreise und fahren Sie damit fort, bis Sie am Zielort angekommen sind. Die Gabe von homöopathischem Hypericum und Chammomilla in D30, zwei Tage vor Reiseantritt jeweils zweimal vier Globuli geben. Fahren Sie auch damit fort, bis Sie am Zielort angekommen sind.

– Angst vor dem Tierarzt

Lassen Sie sich einen Termin geben, bei dem in der Praxis Ruhe herrscht. Sagen Sie Ihrem Tier, dass Sie nicht zulassen, dass ihm wehgetan wird. Bleiben Sie im Behandlungszimmer.

Vor der Fahrt: Bachblüten-Notfalltropfen 3 bis 5 Tropfen in das Maul. In der Praxis wiederholen. Aura-Soma-Pomander Gold immer wieder einfächeln.

– Angstbeißen

Für einen Hund ist die Hürde zum Beißen eines anderen Wesens in der Regel sehr hoch. Wenn er gelernt hat, dass er sich selbst schützen muss, und dem Menschen nicht mehr vertraut, kommt es zu Bissen. Der Unterschied zum normalen Schnappen ist, dass der Angstbeißer während der Handlung völlig außer sich scheint. Hier geht es darum, ein selbst erlerntes Muster mit viel Liebe auszulöschen. Wichtig ist auch hier, die Ursache der Angst zu erforschen. Aura-Soma-Balance-Öl Nr. 54 über den ganzen Körper. Bachblüten: Mimulus, Holly, Aspen, Scleranthus. Homöopathie: Lachesis, Thuja (bitte nur nach Absprache mit einem kundigen Therapeuten geben, kann leicht überdosiert werden).

– Angst vor Feuerwerken

Diese Angst ist natürlich durch eine entsprechende Erfahrung geprägt. Einige Tage vor Silvester verabreichen Sie täglich zwei- bis dreimal fünf bis acht Borax-Globuli in D12. Einen Tag vorab geben Sie tagsüber alle vier Stunden drei Tropfen Notfalltropfen in das Maul. Tun Sie dies, bis das Feuerwerk beginnt.

Unruhe

Unter Unruhe versteht man meistens das nervöse Bewegen des Hundes. Dieses Verhalten kann sich durch Auf- und Ablaufen, im Kreis drehen oder ständiges Zur-Tür-Rennen äußern. Herzprobleme, Schmerzen bzw. Kreislaufprobleme können die Ursache für starke Unruhe sein.

Energetisch-spiritueller Hintergrund: Häufig sind die Räume oder das Grundstück energetisch vorbelastet und somit verunreinigt. Es sollte unbedingt mit Weihrauchharz geräuchert werden.

Behandlung: Aura-Soma-Balance-Öl Nr. 42 über den Solarplexus massieren. Aura-Soma-Pomander Gold als Spray in den Raum sprühen. Bachblüte: Crab Apple.

Markieren innerhalb der Wohnräume

Ihr Hund zeigt Ihnen, dass er ein Problem mit seiner Lebenssituation oder mit Ihnen hat. Weil die Hintergründe für dieses Verhalten sehr unterschiedlich sein können und individuell erforscht werden müssen, wird die Konsultation eines Tiermediums empfohlen.

Zerstörungswut

Die häufigsten Ursachen für Zerstörungswut sind: Langeweile, Frust, Trauer, Wut, Platzmangel, Eifersucht auf ein anderes Tier oder Kind. Gut ist, dass Ihr Hund seine Wut nicht gegen sich selbst richtet. Schimpfen Sie nicht mit ihm, sondern suchen Sie die Ursache für das Verhalten.

Behandlung: Massieren Sie Aura-Soma-Balance-Öl Nr. 2 in den Kopf und den oberen Rücken ein. Verabreichen Sie die Bachblüte Rock Rose.

Perverser Appetit

Unter perversem Appetit versteht man den Verzehr von
Sand, Papier, Kot oder andere »Köstlichkeiten«. In jedem
Fall zeigt dieses Verhalten eine Mangelerscheinung an,
die sich auch als Schwäche auf die Aura des Tieres aus-
wirkt (rote und dunkle Stellen). Meiner Erfahrung nach
sind die meisten Hunde mit perversem Appetit sehr mit
der Entwicklung ihrer Halter beschäftigt und können sich
nur schwer abgrenzen.

Behandlung: Aura-Soma-Balance-Öl Nr. 42 über Solarplexus und Rücken einmassieren. Bachblüte: Scleranthus.

Homöopathie:

- Veratrum Album D12 – beim Fressen des eigenen Kots
- Carbo Vegetalis D12 – beim Fressen des Kots anderer
  Hunde bzw. Menschen
- Tarantula D12 – beim Fressen von Sand
- Calcium Phosphoricum D12 – beim Fressen von Ze-
  ment bzw. Baustoffen oder Papier

Jeweils über den Zeitraum von ein bis zwei Wochen hinweg täglich zweimal acht bis zehn Globuli verabreichen.

13. Das Seelenleben des Hundes

Intakte Aura eines glücklichen, gesunden Hundes

Die Aura Ihres Hundes schützt seinen Körper. Was ist eine Aura und wie können Sie sich diese vorstellen? Die Aura ist ein Energiefeld um den physischen Körper aller Lebewesen, das sich aus sieben verschiedenen Schichten zusammensetzt. Die Summe dieser feinstofflichen Schichten bezeichnet man auch als Aurakörper.

Die Hundeaura

Die Aura aller Tiere besteht aus sieben Schichten. Im Gegensatz zu Katzen sind bei Hunden einige dieser Schichten sehr differenziert zu erkennen.

1. Der ätherische Körper (erste Schicht, die am nächsten am Körper ist)

Der Name »ätherischer Körper« bezieht sich auf den Begriff Äther, den Zustand zwischen Energie und Materie. Dieser Körper besteht aus feinsten Energielinien, die eine Art Netz bilden und sich über die gesamte erste Auraschicht ziehen. Diese Linien sind selbst für einen Menschen, der Auraschichten sehen kann, nur schwer wahrnehmbar; meist wird nur ein samtig helles Energiefeld wahrgenommen.

Diese Schicht hat die gleiche Struktur und Anordnung wie der physische Körper. Hier finden wir die feinstofflichen Ebenbilder aller Organe und Systeme, entsprechend ihres Aussehens und ihrer Lage im materiellen Körper. Sollte Ihrem Hund z. B. durch einen Unfall ein Bein entfernt worden sein, so besitzt er es in diesem feinstofflichen Feld noch immer: Er kann dort den so genannten Phantomschmerz empfinden.

Der physische Körper formt sich nach dem ätherischen Körper. Diese erste Auraschicht bildet die Form, wonach sich der materielle Körper bildet. Fast alle Techniken der energetischen und der geistigen Heilung arbeiten über den ätherischen Körper. Mit den jeweiligen Heiltechniken wird die Erkrankung im ätherischen Körper behandelt und der materielle Körper richtet sich nach diesem geheilten Muster aus.

Viele Schamanen und Geistheiler entfernen im Heilprozess zunächst das marode System aus der ersten Auraschicht. Sie stellen sich vor, dieses zu reparieren, und fügen es dann wieder in die erste Auraschicht ein. Vollständige Heilung ist immer abhängig von der inneren Bereitschaft des Empfängers.

2. Der emotionale Körper (zweite Schicht)

Wie der Name schon sagt, ist diese Schicht mit den Emotionen Ihres Hundes verbunden. Diese Auraebene ist dünner als die erste Schicht und ihre Struktur ist in ihrem Aussehen mit Wattebällchen von unterschiedlicher Größe vergleichbar.

Je nach Helligkeit oder Größe dieser »Bällchen« ist es möglich, Bewegungen im Gefühlsleben eines Wesens zu beobachten. Werden sehr viele Emotionen frei, z. B. beim Jagen, wandern Energiebälle von innen nach außen. Sie werden regelrecht ausgestoßen. Werden diese Energien nicht aufgelöst bzw. transformiert, bleiben sie im Umfeld erhalten und haften sich an das nächste Lebewesen, das sich durch sie hindurchbewegt. Dies kann seine Stimmung beeinflussen.

Ist die zweite Schicht hell und klar, ist ein Tier oder Mensch emotional ausgeglichen. In dieser Schicht werden auch alle Formen von Schock oder emotionalen Übergriffen gespeichert. Hat ein Tier schlechte Behandlung oder ein Trauma erlebt, ist dies in der zweiten Schicht sichtbar.

Homöopathische Mittel wirken sehr gut in der zweiten Auraschicht und leiten dort heilende Veränderungen ein, speziell die C-Potenzen. Die zweite Schicht hält mit dem ätherischen Körper und der dritten Schicht schmerzvolle Erfahrungen als Muster fest.

3. Der Mentalkörper (dritte Schicht)

Der mentale Körper zeigt uns alle Vorgänge im Gedankenbereich. Einzelne Gedanken zeigen sich hier als feine Blasen, die auftauchen und sich mit dem thematisch gleichen Chakra verbinden. Diese Gedanken werden mit der zugeordneten Energie gespeist und verstärkt. Möchte z. B.

ein Mensch einen Partner finden, so verbindet er diesen Gedanken mit der Energie des Chakras im Solarplexus (Macht/Kraft) und gibt diesen Gedanken mit Druck nach außen.

Gedankenblitze und Ideen sehe ich in dieser Schicht als kleine Lichtblitze. Bei einem sehr intelligenten Tier ist die dritte Auraschicht sehr weit gedehnt. Viele Hunde, die nicht gerne spielen, haben eine weit gedehnte dritte Auraschicht. So ein Hund wird niemals zum ständigen Spielkameraden werden. Es entspricht nicht seinem Charakter.

Immer wiederkehrende negative Gedankenmuster werden in dieser Schicht als zähflüssige graue Masse sichtbar. Diese Masse wirkt auch auf die andere Wesen in der Umgebung und gibt ihnen das Gefühl von Schwere. Hunde wirken traurig, depressiv und verlieren das Interesse an ihrer Umwelt.

4. Der Kausalkörper (die vierte Schicht)

Der kausale Körper ist ein Filter und bildet die übertragende Schicht zwischen den ersten und den letzten drei Auraschichten. Diese Schicht ist eine Art Übergangsschicht zwischen den niederen Aurakörpern, die dem irdischen Leben zugeordnet sind, und den drei höheren Körpern, die für Wachstum, Heilung und Einswerdung mit der Seele stehen.

Der kausale Körper ist als eine neutrale »Datenautobahn« zu verstehen. Er ist ohne Eigenschwingung und gibt Informationen von den äußeren Schichten nach innen und ebenso von innen nach außen weiter.

Der Seelenplan für das Leben Ihres Hundes wird von der Seele zum Hohen Selbst (auch Über-Ich oder Christusbewusstsein genannt) über die äußeren Auraschichten in das Energiefeld des Körpers geleitet. Die äußeren

Schichten transportieren diese »Pläne« dann über den Kausalkörper in die inneren Auraschichten weiter.

Dadurch ist erklärbar, wieso in einem Reading (einer Sitzung, in der im Energiefeld des Klienten gelesen wird) z. B. eine Krankheit wie Krebs diagnostiziert werden kann. Das auralesende Medium liest die Krankheit aus der entsprechenden feinstofflichen Schicht und kann so Aussagen über die Geschwindigkeit und die Ursache treffen, mit der die Krankheit sich in den materiellen Körper bewegt.

Solange sich eine Krankheit nur in den äußeren Auraschichten befindet, kann sie meist ohne große Probleme abgewendet werden. Hat sich eine Krankheit bereits in den inneren Auraschichten manifestiert, ist sie vom Arzt nachweisbar und auch am Körper sichtbar. Sie ist dann in allen Auraebenen zu sehen. Zur völligen Heilung ist es nötig, alle Auraschichten zu behandeln.

Bei Tieren verläuft dieser Heilprozess wesentlich schneller als beim Menschen. Sie sind dankbar und stören ihre Heilung nicht mit Zweifeln oder negativen Gedanken.

5. Der hohe ätherische Körper (fünfte Schicht)

Diese Schicht ist die Negativform des ätherischen Körpers. Das bedeutet, sie enthält den Bauplan oder das Spiegelbild der ersten Auraschicht, des ätherischen Körpers.

Es ist eine Art göttlicher Bauplan, ähnlich der Blaupause eines Architekten. Die fünfte Schicht stellt den Bauplan für die erste Schicht und diese wiederum den Bauplan für den physischen Körper dar.

Jede Form von emotionaler und körperlicher Deformation ist auf dieser Ebene sichtbar. Sie transportiert ihre Informationen über die vierte Auraschicht nach innen in den physischen Körper – also auch in die inneren drei Auraschichten.

Für eine vollständige Heilung sollte auch in dieser Schicht geheilt werden. So können chronische Probleme gut behandelt werden. Wird nur direkt am Körper geheilt, wirken die Auraschichten mit ihren Krankheitsbildern immer weiter nach.

6. Der hohe Emotionalkörper (sechste Schicht)

Diese Ebene beinhaltet die Emotionen der Seele und deren Wünsche und Bedürfnisse. Hier wird eine Einheit mit der Seele und ihrem Ursprung angestrebt.

Der hohe Emotionalkörper zeigt uns, wie sehr ein Wesen auf der seelischen Emotionsebene entwickelt ist. Will es geliebt werden, um sich selbst zu spüren (Herzchakra-Ebene), oder spürt es Gott und fühlt sich in Einheit mit allem, was ist (das Thymusdrüsenchakra übernimmt dann die Aufgabe des Herzchakras).

7. Der ketherische Negativkörper (siebte Schicht)

Diese Schicht ist der Gedankenkörper der Seelenebene. Hier ist die gesamte gegenwärtige Inkarnation mit all ihren Verletzungen, Entwicklungen und der jeweiligen Lebensaufgabe abrufbar. Sie ist wie eine komplizierte Matrix aus goldenem Licht, die alle Auraschichten miteinander verbindet.

Am deutlichsten sichtbar ist auf dieser Ebene die Wirbelsäule in ihrer Aufgabe als Pranakanal. Sie lässt Prana/ Energie vom Kronenchakra in alle Chakren und Auraschichten fließen. Der Pranakanal zweigt kurz über dem Ende der Halswirbelsäule in zwei Kanäle ab, die sich in filigrane Fächer aufteilen und die Aura mit Prana füllen. Dieser Fächer spenden die Energie für eine weitere Aufgabe der siebten Schicht. Sie geben ihr die Kraft zu schützen.

Dieses Schutzfeld umgibt Ihren Hund und fängt viele negative Energien ab. Ist der Energiefluss geschwächt, wird das Tier krank und zieht die Energie etwas zurück. Dann wird die siebte Schicht durchlässiger und schwächer. Ihr Hund fühlt sich ungeschützt und angreifbar.

Durch einen starken Schock kann dieser Körper geschwächt werden. Er öffnet sich dann für Blockaden und Fremdenergien. Die Breite dieser Schicht fühlen wir im täglichen Leben als natürlichen Abstand zu anderen Wesen. Wird dieser Raum ohne innere Zustimmung überschritten, empfinden wir dies als »Übergriff«. Viele Menschen wahren diesen Raum nicht und fassen jedes Tier an. Wird ein Hund oder eine Katze aggressiv, folgt das Tier seinem natürlichen Impuls der Verteidigung.

Hunde in meiner Praxis berühre ich erst, nachdem sie mir ihr Einverständnis gegeben haben. Wenn das Tier mein Energiefeld gescannt hat und ich ein »O. K.« von ihm bekomme, trete ich mit ihm in Kontakt. Ich bin auf die Antworten des Tieres angewiesen und muss bei ihm vorsprechen und respektiert werden. Viele aggressive Reaktionen von Hunden gegenüber Menschen lassen sich so vermeiden.

Diese Schutzschicht kann bei einem Hund verletzt bzw. angegriffen werden. Ein großer Hund, der in einer zu kleinen Wohnung lebt und durch Streitereien unter Mitbewohnern genervt wird, verliert nach einer Weile diese Schutzschicht. Dadurch wird er reizbar und empfindlich.

Die besondere Hundeaura

Durch ihre gleichmäßige und ausgeglichene Aura sind
Hunde geduldige und liebevolle Wesen. Im Gegensatz zu
Katzen sind Hunde im ständigen Kontakt mit ihrem Umfeld. Dreh- und Angelpunkt der Hundeaura ist der Solarplexus. Er lässt die Energie des Herzchakras mit der Lebenskraft aus den unteren Chakren eins werden. Durch
sein Mitgefühl für andere Tiere und seinen Halter erfüllt
der Hund seine Lebensaufgabe. Er wächst als Seelenwesen
und erlangt dabei ein tiefes Gefühl von Einheit. Die Farben der Hundeaura sind sehr kräftig und ausdrucksstark.

Das Zusammenspiel von Aura und Chakren

Die Aura wird von universeller Energie, dem *Chi* oder
Prana, gespeist. Dieses Prana fließt durch den Pranakanal
in das Kronenchakra ein, den Pranakanal weiter hinab
und verteilt sich über die einzelnen Chakren.

Stellen Sie sich Ihren Hund auf zwei Beinen stehend
vor, da das das Finden der Chakren und somit die Heilarbeit erleichtert. Die einzelnen Chakren ziehen sich durch
alle Auraschichten und füllen diese mit Energie. Hat ein
Tier wenig Bezug zu seiner Lebensaufgabe, werden die
äußeren Schichten kaum mit Prana versorgt.

Bis vor einigen Jahren waren viele Heiler und Hellsichtige nicht in der Lage, mehr als zwei oder drei Auraschichten zu sehen. Ein bestimmter Grad von Hellsichtigkeit und Klarheit war noch nicht erreicht. Die Meinung
über die feste Farbzuordnung zu den einzelnen Schichten
ist mittlerweile veraltet. Verschiedene Schichten haben
Tendenzen, in bestimmte Farbrichtungen zu gehen, verändern sich jedoch ständig.

Beim Aurasehen ist es wichtig, Farben und deren
Schwingungen als positiv oder negativ zu erkennen. Das

ermöglicht es, all die feinen Nuancen in einer Aura zu lesen. Man kann dann erkennen, in welchem Zustand (körperlich, geistig, feinstofflich) ein Tier sich befindet. Die Farbe Rot z. B. wurde früher auf das Wurzelchakra beschränkt und den Themen Sexualität, Aggression und Wut zugeordnet. Wenn ich bei einem Hund »rot« sehe, kann es sich dabei um Lebensfreude, Kraft, Leidenschaft, eine akute oder chronische Entzündung, eine geistige Eingebung oder auch Verliebtheit handeln.

Nachfolgend finden Sie verschiedene Aurafarben und deren mögliche Bedeutungen:

Farben in der Aura

Weiß: Göttliche Energie, Reinheit, Apathie, Übergang vom Leben in den Tod, hohe Schwingung, Bedürfnislosigkeit

Gelb: Kraft aus der eigenen Mitte heraus, Belastung des Nervensystems, Vergiftung, Hunger, meditativer Zustand, Ohnmacht in Verbindung mit Wut (Gelb-Rot), Rheuma

Gold: Spiritualität, Wachstum, Segen, Schutz, Verbundenheit

Orange: Spiritualität (Mönchskutten), gewollte geistige Entwicklung, Schock, alte Verletzungen, latente Aggression, Ohnmacht, chronische Wut, Hoffnung

Rot: Hingabe, Liebe, Leidenschaft (Tantra), Geldfluss, Schmerzen, akute oder chronische Entzündungen, Missbrauch, Angst, verbunden mit dem Gefühl, weglaufen zu wollen, tiefer Hass, Glaube

Violett: Transformation, Heiligkeit, Annahme von Neuem, Lernen, Verlassen des Körpers, Loslassen im Sinne von Verzeihen, Demut

Blau: Mentale Kraft, Manipulation, Weisheit, sexuelles Entsagen, Meditation, Grübeln, Einsamkeit, Lernen, Überlegenheitsgefühl

Grün: Weibliche Führerschaft, Suche nach Freiheit und eigenem Raum, Verschleimung der Atemwege, die Aurafarbe des praktischen Heilers, Selbsterfahrung durch das Geben von Heilung, Absterben eines Organs, nekrotes Gewebe (bei Übergang in Schwarz)

Grau: Zurückgezogenheit, Unklarheit, Isolation, Trauer, Verlust, Depression, Tränen, den Körper nicht mehr spüren, Verwirrung

Silber: Verbindung mit der Seele (bewusst) und die Möglichkeit, hohe Schwingungen zu produzieren, Einheit, Isolation

Türkis: Kommunikation, Nervosität, braucht viel Berührung, verliert sich in anderen, Schauspieler, Traumtänzer, Verbindung zu Lemurien, Wissensdurst

Schwarz: Abwesenheit von Licht, Zerstörung von Zellen, Sichabwenden von Gott

Braun: Unklarheit, ältere Gefühle von Wut, die nicht verarbeitet wurden, nicht vergeben können, Absterben von Gefühlen, Hoffnungslosigkeit, ehemaliger Missbrauch

Pastellfarben: Kindliche Reinheit, einfaches direktes Fühlen, Einheit. Diese Pastellfarben müssen immer in Verbindung mit der jeweiligen Grundfarbe gesehen werden.

Aura und Chakren wechseln ständig die Farben, je nach Energieimpuls, der vom Tier ausgeht. Die Aura verändert sich täglich bzw. stündlich. Nur die *Seelenaura (der Gesamteindruck aller Auraschichten)* bleibt während eines Lebens unverändert. Die Aura ist so etwas wie eine Grundaussage der Lebensaufgabe, des Charakters und der persönlichen Entwicklung. Sie bleibt in einem Leben gleich.

Schafft ein Tier es, seine Aura in der Frequenz der Seelenfarbe zu halten, ist es weit entwickelt. Ein Tier ist dann eins mit seiner Lebensaufgabe und wirkt in dieser.

Übungen zum Aurasehen bei Ihrem Hund

Übung 1

Warten Sie bis Sonnenuntergang und setzen Sie Ihren Hund vor eine weiße Wand. Lassen Sie das Licht möglichst von hinten in seinen Rücken strahlen. Atmen Sie mehrere Male ein und aus und blicken Sie entschlossen, aber entspannt, möglichst nahe an seinem Fell vorbei.

Sie werden jetzt einen feinen weißen Schimmer erkennen, der das Tier umgibt und Teil seiner Aura ist. Es handelt sich dabei um die so genannte Zellabstrahlung, die wir bei allen Lebewesen, übrigens auch bei Pflanzen, beobachten können.

Diese Abstrahlung zeigt uns, je nach der Ausprägung ihrer Stärke, wie viel Licht ein Wesen in seinen Zellen speichern kann. Bei einem kranken oder wenig hoch entwickelten Wesen ist dieses Licht kaum sichtbar. Sehen Sie ein weit entwickeltes Tier vor sich, so erkennen Sie unter Umständen sogar ein breites weißes Band. Wenn dies der Fall ist, kann der Körper Licht sehr gut absorbieren und halten. Es handelt sich dann um einen reinen Organismus.

Stirbt ein Wesen mit solch einem Körper, so setzt der Verfall verlangsamt ein. Der materielle Körper wird von seinem Lichtkörper getragen, und dieses Licht verzögert die Zersetzung.

Übung 2

Begeben Sie sich in einen entspannten Zustand, indem Sie einige Male ruhig ein- und ausatmen. Schließen Sie die Augen und visualisieren Sie die Farbe Schwarz. Sie können sich auch eine riesige schwarze Leinwand vorstellen.

Wenn Sie diese Fläche sehen können, visualisieren Sie Ihren Hund. Verbinden Sie mit dem ersten Gefühl, das Sie mit der Vorstellung erreicht, eine Farbe.

Lassen Sie sich fallen und spüren Sie tief in diese Farbe hinein. Nehmen Sie sie in sich auf. Nehmen Sie ihre Transparenz, ihren Geruch und ihre Aussage wahr. Versuchen Sie dann noch weitere Farben zu erfühlen.

Wichtig ist, dass Sie bei diesen Übungen Ihr Gehirn mit seinen Einschränkungen und Was-wäre-wenn-Gedanken ausschalten. Jeder kann Aurafarben sehen, die Frage ist, ob Sie es sich erlauben!

Wenn Tierfreunde mich nach der Ausbildung zum Tierkommunikator fragen, so ist es schwer für sie zu glauben, dass sie in nur wenigen Stunden lernen können, die Aura von Tieren zu sehen.

Die Aura eines Tieres und die dazugehörigen Schichten deuten zu können ist sehr nützlich, da es auch Tiere gibt, die aus Angst oder einfach, weil es ihrem Charakter entspricht, nicht gesprächig sind. Auch in diesem Fall kann man ihre Aura lesen. Sie ist wie ein offenes Buch. Ihre Feinheiten wahrnehmen zu können ist natürlich eine Frage der Übung.

Es ist auch möglich, die Aura eines verstorbenen Tieres über ein Foto zu lesen. Dies ist etwas schwerer, da der Kommunikator in einem sich auflösenden Feld arbeiten muss. Oft lässt sich so eine nicht erkannte Krankheit noch feststellen oder alte Schocks für die gegangene Seele lösen. Wenn ein Hund in seinem Leben völlig im Reinen mit sich selbst war und seine Aufgabe gelöst hat, so ist keine Aurafrequenz mehr wahrnehmbar. Er hat dann alles transformiert und in die Einheit gebracht. Dies ist für ein Wesen sehr positiv.

Die Chakren

Gesundes Energiefeld bei einem Hundewelpen

Chakren sind feinstoffliche Energiezentren, die Energie in die Aura einspeisen. Die Hauptchakren verlaufen entlang der Wirbelsäule und bestehen aus sieben Chakren, die den grundsätzlichen irdischen Lebensthemen zugeordnet sind.

Bevor ich weiter auf die Hauptchakren und ihre Funktionen eingehe, möchte ich mich kurz mit den anderen Chakraarten befassen:

Die höheren Chakren – Drüsen

Alle Drüsen sind höhere Chakren und aktivieren sich erst dann, wenn wir eine gesteigerte spirituelle Entwicklung gemacht haben.

Bei Ihrem Hund sind die höheren Chakren von Geburt an aktiv. Ihr Hund hat mit einem hohen Seelenbewusstsein in dieses Leben inkarniert. Bei einem Tier, welches mit den Hauptchakren und funktionierenden Nebenchakren lebt, können die höheren Chakren erweckt werden. Beginnt der Mensch sich zu entwickeln, bekommt das Tier auch mehr Energie, die Drüsen werden als Chakren aktiv.

Jeder Drüse ist ein bestimmtes Aufstiegsthema zugeordnet, also ein Thema der individuellen spirituellen Evolution. Diese Themen hier auszuführen würde den Rahmen des Buches sprengen.

Nebenchakren

Es handelt sich bei den Nebenchakren um Energiezentren, die zum größten Teil auf Meridianschnittpunkten liegen und die Organe und Körperteile mit Energie versorgen. Bei Ihrem Hund finden Sie diese an den Ellenbeugen, den Gelenken, unter den Achseln, auf den Pfoten usw. Hat Ihr Tier eine Verletzung, so staut sich Energie in diesen Chakren und die Aura wird stärker belastet. Bei den Nebenchakren spreche ich von 32 Nebenchakren,

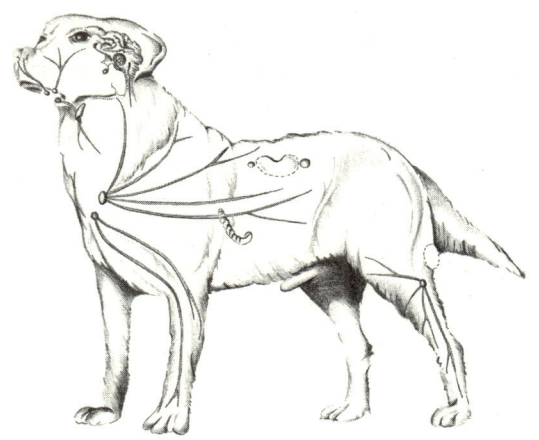

Das Lymphsystem eines Labradors,
bestehend aus höheren Chakren (Lymphdrüsen)

lerne aber immer noch neue kennen und vermute, dass es
bis heute weit über 1000 gibt.

TCM – traditionelle chinesische Medizin

Das Meridiansystem des Körpers kennen Sie vielleicht aus
Abbildungen der TCM, der traditionellen chinesischen
Medizin. Es wird als feines Netz um den Körper darge-
stellt, welches ihn mit Bahnen verbindet. Diese sind mit
Organen, dem Nervensystem und anderen Funktionen
verbunden.

Das komplizierte System der TCM basiert, sehr vereinfacht gesagt, darauf, dass der Körper aus vielen Syste-
men besteht, die wechselweise Schwachstellen ausgleichen oder Heilung und Regeneration verstärken.

Ihr Hund kann z. B. eine Lungenentzündung bekommen, weil der Dickdarm überanstrengt ist. Wird dieser

Meridian durch Nadelakupunktur, Laserakupunktur oder Druckpunktmassagen ausgeglichen, verschwindet auch die Lungenentzündung sehr schnell.

TCM für Tiere ist in Europa leider noch nicht sehr verbreitet. Es erfordert viel Erfahrung und Wissen, diese Techniken zu perfektionieren. Man behandelt dabei nicht wie in der westlichen Schulmedizin Symptome, sondern die Ursachen einer Erkrankung. Der Ursprung einer Krankheit wird behoben.

Die Hauptchakren

Das Kronenchakra

Dieses Chakra steuert den Energiefluss für die anderen Chakren und wirkt als Filter für freie Energien aus dem Universum. Kommuniziert Ihr Hund, arbeitet dieses Chakra weit geöffnet und versucht, so viel Energie wie möglich in den Körper einzuspeisen. Ist dieses Chakra verkümmert, bedeutet dies, dass ein Wesen seine Anbindung und den Glauben an Gott verloren hat.

Weitere Themen des Kronenchakras: Suche nach Gott, guter Energiefluss, spirituelle Kraft, Verbindung mit der Seele, dem Hohen Selbst, seine Aufgabe erfüllen wollen
Farbe: Tiefviolett oder Weiß
Körperliche Zuordnung: Gehirn und Herz, Wirbelsäule

Das Stirnchakra oder »dritte Auge«

Das »dritte Auge« steht in Verbindung mit der Hellsichtigkeit. Es ermöglicht, auf einer anderen Ebene zu sehen und dieses Sehen auszuhalten. Dieses Chakra beginnt dann zu arbeiten, wenn das Herz der reinen irdischen Bedürftigkeit entwachsen ist.

Weitere Themen: Hellsichtigkeit (alle Tiere sind hellsichtig), die Wahrheit sehen und erkennen wollen, mentale Kraft, Energie geistig gerichtet einsetzen, ein bewusstes Leben führen

Farbe: Dunkelblau

Körperliche Zuordnung: Hypophyse, Zirbeldrüse, Augen, Hemisphären (Gehirnhälften)

Das Halschakra

Hier geht es um das Thema, die eigene Wahrheit auszusprechen und sich als das, was man wirklich in diesem Leben ist, darzustellen. Wird dieses Chakra richtig genutzt, dann drückt es die göttliche Weisheit auf Erden aus.

Weitere Themen: Blockaden und Halsenzündungen bei der Weitergabe von alten angelernten Wahrheiten, die Energie von Gott mit dem Herzen verbinden, Wissen und Fühlen in Verbindung bringen

Farbe: Königsblau

Körperliche Zuordnung: Kehlkopf, Hals, Stimmbänder, Schilddrüse, Speiseröhre, evtl. Zähne

Das Herzchakra

Die Botschaft des Herzchakras lautet: Ich nehme mich in diesem Leben an und entwachse meiner Bedürftigkeit. Wird dieses Chakra klar, kommt das Wesen vom *Haben-wollen* in das *Geben und Teilen*.

Weitere Themen: Spirituelle Suche nach sich selbst, die eigene Heilung, seinen Raum einnehmen, weibliche (Yin-) Anteile, vom Mitleid ins Mitgefühl kommen (Herzchakra wechselt mit seinen Hauptfunktionen zur Thymusdrüse)

Farbe: Olivgrün

Körperliche Zuordnung: Herz, Thymusdrüse, Lungen, Bronchien

Das Solarplexus-Chakra

Die Hauptthemen dieses Chakras sind: die eigene Kraft dem Wachstum der Seele zu widmen, Macht und Kraft dazu zu nutzen, Licht auf die Erde zu bringen, ausgeglichen zu sein und Harmonie zu bringen. Dieses Chakra ist in einem Körper der Mittelpunkt zwischen Himmel und Erde.

Weitere Themen: Das Nervensystem, in der eigenen Mitte sein, Zufriedenheit, Einheit, Liebe spüren und weitergeben können, Verzweiflung und Verlust, Beginn einer Krankheit durch Verlust des Lebenswillens, Manipulation

Farbe: Sonnengelb

Körperliche Zuordnung: Magen, Darm und Galle

Das Sakralchakra

In diesem Chakra liegt die Leidenschaft für die Suche nach Gott. Hier entsteht die Kraft, sich gegen den eigenen Schmerz zu wehren und das Thema Ohnmacht loszulassen.

In diesem Chakra kann man am deutlichsten körperlichen wie seelischen Missbrauch erkennen. Erleidet ein Tier einen schweren Schock, löst es die seelische Verbindung zum Körper über das Sakralchakra, die Seele entweicht über die linke Körperseite – die so genannte ätherische Spalte.

Dasselbe geschieht beim Verlust des Bewusstseins oder im Koma.

Weitere Themen: Aufbruch, Umbruch, Schock, Machtmissbrauch, Lebenswille, der nicht mit der Energie des Herzens verbunden wird, latente Wut, Frust, gebrochener Wille

Farbe: Orange

Körperliche Zuordnung: Darm, Niere und Leber, Milz

Das Wurzelchakra

Das Wurzelchakra ist der Sitz der Lebenskraft. Bei guter Erdverbundenheit besteht eine Verbindung bis in dem Mittelpunkt der Erde.

Das Wurzelchakra entwickelt sich als erstes energetisches Zentrum nach der Befruchtung im Mutterleib. Es steuert die energetischen Lebensimpulse so lange, bis sich die anderen Energiezentren an der Wirbelsäule bilden und zu wachsen beginnen.

Dieses Chakra ist als Einziges noch aktiv, auch wenn sich ein Lebewesen völlig von Gott losgesagt hat. Es produziert dann selbstständig Energie. Wird ein Hund gequält und ihm ständig Liebe entzogen, löst sich die Aura langsam auf. Sie kann nicht mehr ausreichend mit Energie versorgt werden und bildet keine intakten Aurakörper mehr.

Der Hund schaltet in den energetischen Überlebensmodus, er lebt von Schwingungsimpulsen im Wurzelchakra und zieht ähnliche Überlebensenergien an. Es kommt zu einer Überstimulation und Entladung, das Tier fühlt sich gereizt und wird aggressiv. Auf diese Weise kann es die Seele im Körper halten und auf eine Heilung der Aura hoffen. Es zwingt sich dazu, sich selbst zu spüren, um den Körper nicht zu verlassen. Diese Vorgänge können wir auch besonders gut bei den so genannten Kampfhunden beobachten.

Weitere Themen: Kraft, Aufbau, Geburt und Entstehen, Willenskraft, Kraft zur Heilung, Wut, Entgrenzung, Hass, Zerstörung

Farbe: Rot

Körperliche Zuordnung: Geschlechtsapparat, Lendenwirbelsäule, Rute

Der Aufbau eines Chakras

Um den Aufbau eines Chakras zu verstehen, hilft die folgende Zeichnung:

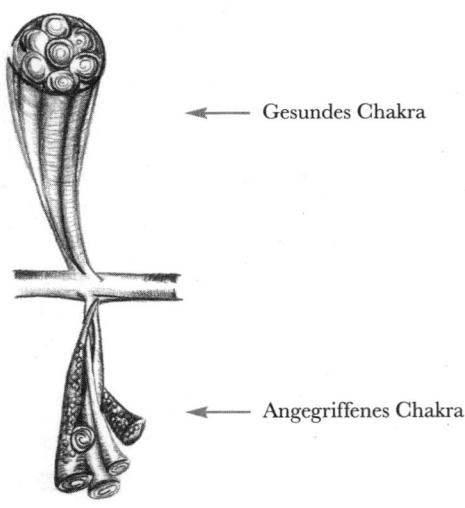

Gesundes Chakra

Angegriffenes Chakra

Ein Chakra ist aus vielen feinen Energiekanälen zusammengefügt, die Nadis genannt werden. Die Nadis münden in einem schmalen Trichter, dessen Spitze in den Pranakanal der Wirbelsäule übergeht. Das weite Ende erweckt durch die vielen feinen Öffnungen den Eindruck einer Blüte oder Koralle, die sich zu öffnen und zu schließen scheint.

Die Farben innerhalb eines Chakras können variieren, je nachdem, welcher Impuls gerade hineingeleitet wird. Alle Chakren verbinden sich auf jeder Auraschichtebene zu einem feinen Netz und tasten alles, was sich von außen nach innen bewegt, ab.

Bei Entspannung werden die Chakren weiter und öffnen sich, zum Beispiel während einer Meditation. Bei dichten Energien schließen sie sich etwas, um als eine Art Filter gegen die Energien von außen zu wirken. Die Chakren eines Hundes tasten einen Tierkommunikator vor jedem Gespräch ab und signalisieren dem Hund, dass alles in Ordnung ist.

Da wir Chakren auf der Rückseite der Wirbelsäule haben, »fühlen« wir auch dort. Durch das oft erzwungenermaßen enge Zusammenleben ist dieser hintere Schutz und Tastmechanismus bei vielen Wesen verkümmert.

Ein Chakra kann auch Verletzungen erleiden. Wenn Ihr Hund z. B. am Herzen operiert wird, werden die Meridiane und das Herzchakra verletzt. Die Aura wird kurzzeitig durchschnitten. Da sich alle Chakren selbst regenerieren, ähnlich wie die Haut nach einem Schnitt wieder verheilt, reguliert sich solch eine feinstoffliche Verletzung von selbst. Aura-Soma-Farböle und Handauflegen regen diese Heilung an und schließen die Wunde im feinstofflichen Bereich schnell.

Die Chakren reagieren auch auf feinste Stimmungsveränderungen und seelische Verletzungen. Bei Trauer ziehen sie sich zusammen und werden klein, bei Freude und dem Empfinden von Liebe öffnen sie sich.

Stirbt der Rudelgefährte Ihres Tieres, lösen sich feine Energiebänder auf, die die Tiere miteinander verbunden haben. Dies geschieht in beiderseitigem Einvernehmen.

Stirbt ein Tier durch einen Unfall, werden diese Energiebänder aus den Chakren gerissen und verursachen bei den hinterbliebenen Wesen (Menschen und Tieren) seelische und körperliche Schmerzen. Da wir Menschen über eine Liebesverbindung (von Herzchakra zu Herzchakra) mit unseren Tieren verknüpft sind, schmerzt uns die gewaltsame Lösung dieses Bandes besonders. Der Mensch hat das Gefühl, es wäre ein Teil aus ihm herausgerissen worden. Das Chakrensystem schließt diese Wunden, seelische wie körperliche Schmerzsymptome verschwinden.

Schmerz bleibt erhalten, wenn wir in der stärksten Trauerphase versuchen, unser normales tägliches Leben aufrechtzuerhalten. Wenn Sie einkaufen gehen, fangen Sie sehr viele Blockaden und negative Energien auf, vor denen Sie normalerweise Ihre Aura schützt. Diese negativen Energien legen sich in das geöffnete Energiefeld und werden von der sich wieder schließenden Aura eingebettet. Dieser Mechanismus entwickelt eine dicke Schicht von Blockaden. Denken Sie an das verstorbene Tier und fühlen den Schmerz des Verlustes, so erleben Sie zum großen Teil alte Gefühle, die erneut aktiviert werden. Es wird Ihnen schwer fallen, den Schmerz loszulassen und sich endgültig zu verabschieden.

Um dies zu verhindern, gab es einst den so genannten Bardo. Der Bardo bezeichnete drei Tage der Trauer und des Abschieds, an denen sich die Hinterbliebenen zurückzogen, meditierten und sich Zeit für ihre Gefühle nahmen. In diesen drei Tagen hatte das Energiefeld die Möglichkeit, sich in einem geschützten Rahmen wieder zu schließen und zu heilen.

Ich kann diese drei Tage des Bardo bei jedem Verlust eines Lebewesens empfehlen. Es hilft beiden Seiten, sich mit der neuen Situation auseinanderzusetzen und Heilung zu erfahren.

Übungen zum Spüren der Chakren Ihres Hundes

Waschen Sie sich Ihre Hände und stellen Sie sich dabei vor, wie ein violettes Feuer alle belastenden Energien fortnimmt und diese umwandelt und verbrennt.

Begeben Sie sich in eine entspannte Haltung, am besten meditieren Sie vorher. Ihr Hund liegt entspannt vor Ihnen.

Nehmen Sie die linke Hand langsam nach oben, atmen Sie entspannt weiter und führen Sie sie ca. einen halben Meter Entfernung an Ihr Tier heran. Benutzen Sie die linke Hand wie einen Fächer und seien Sie sich der Tatsache bewusst, dass Sie in das Energiefeld Ihres Hundes fühlen.

Erlauben Sie sich, ganz sanft vor und zurück zu fühlen, bis Sie einen leichten Widerstand empfinden. In diesem Moment fühlen Sie eine Auraschicht. Manchmal bedarf es einiger Übung, bevor wir uns sensibilisieren, langsam mehr und mehr zu spüren. Sie können anschließend auch den Abstand vergrößern und versuchen, alle Schichten zu spüren und zu zählen. Die äußersten Aurakörper sind am schwersten zu fühlen.

Machen Sie diese Übung bitte nur, wenn sich Ihr Tier nicht entfernt, zwingen Sie es nicht.

Vorsorge für die Chakren Ihres Hundes

Wenn Sie vom Welpenalter an ein gutes Gefühl für die Aura und die Chakren Ihres Hundes haben, erkennen Sie Disharmonien und Schwächen noch vor der Übertragung auf den physischen Körper.

Sie können lernen, die Aura Ihres Tieres zu stärken und auszugleichen.

Übung zur Chakrenheilung von Tier und Mensch

Entspannen Sie sich und reinigen Sie sich innerlich. Versuchen Sie das Wesen Ihnen gegenüber zu erspüren. Versuchen Sie zu erkennen, wo das Tier weniger Energie hat oder sich kalt anfühlt. Hier befinden sich körperliche Schwachstellen.

Konzentrieren Sie sich und entspannen Sie Ihren Unterkörper. Nehmen Sie Ihre linke Hand und halten Sie sie ca. einen Zentimeter über dem kranken Chakra. Stellen Sie sich vor, wie Licht oder Energie in das Chakra einfließt und wie Sie mit dem Chakra Kontakt aufnehmen. Nehmen Sie sich dafür zwei Minuten Zeit.

Beginnen Sie dann mit einer sanften Drehung im Uhrzeigersinn und stellen Sie sich vor, wie Sie die Nadis und das Chakra wieder auf das Licht und die richtige Drehung ausrichten. Führen Sie 20 bis 25 Drehungen langsam durch. Bevor Sie enden, sprechen Sie ein kurzes Gebet oder eine positive Affirmation für das Wesen.

Fast alle Tiere und Menschen berichten, dass es ihnen nach dieser Behandlung besser geht. Gerade
die richtige Drehung des Solarplexus hilft bei
Durchfall und Magen-Darm-Problemen und stärkt
diesen Bereich. Nach einem Schock können Sie
sehr sanft das Sakralchakra Ihres Hundes richtig
drehen. Das hilft dem Tier, sich schneller zu erho-
len.

14. Erste-Hilfe-Maßnahmen für Ihren Hund

Hunde sind meist umsichtig und nehmen ihre Umgebung genauer wahr als Katzen. Sie sind in der Regel verspielt und neigen dazu, viele Dinge auszuprobieren. Da die wenigsten Hunde dabei so vorsichtig und ängstlich wie Katzen sind, kommt es sehr oft dazu, dass sie sich verletzen. Hunde lernen viel aus der Beobachtung eines Menschen. Hunde verletzen sich häufig beim Treten in Glassplitter, geraten in Autounfälle und werden durch Fremdstoffe und Bissverletzungen vergiftet.

So beruhigen Sie einen verletzten Hund

Nehmen Sie seinen Kopf in Ihre Hände und reden Sie im ruhigen Tonfall mit ihm. Der Hund sollte dabei möglichst liegen. Vermeiden Sie es, dass mehrere Menschen um ihn herumstehen. Je nach Art der Verletzung versuchen Sie, die verwundete Stelle möglichst ruhig zu halten. Sollte Ihr

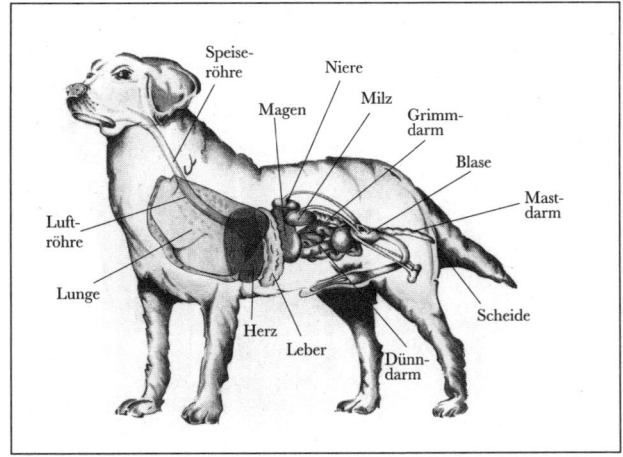

Anatomie einer Hündin

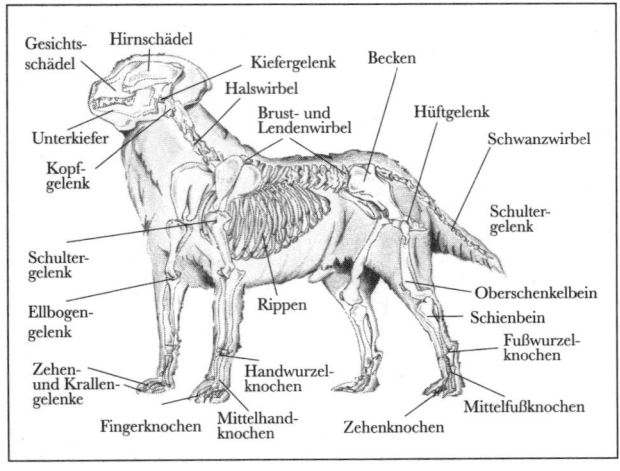

Skelett eines Hundes

Hund Blut verlieren, müssen Sie versuchen, mit einem Tuch, einem T-Shirt oder einem Schal Druck auf die Wunde auszuüben, bis die Blutung aufhört. Rufen Sie wenn möglich den Tiernotruf an. Wenn in Ihrem Wohnort kein Tiernotruf vorhanden ist, rufen Sie ein Taxi und transportieren Ihren Hund so schnell wie möglich zur nächstgelegenen Tierklinik.

So bewegen Sie einen verletzten Hund
Wenn Ihr Hund ernsthaft verletzt wurde (z. B. von einem Auto angefahren wurde), ist es wichtig, ihn schnell von der Straße zu entfernen und gegebenenfalls zum nächsten Tierarzt zu bringen.

Ein Hund mit angebrochenem Nacken, Rücken oder Hüftgelenk zu bewegen, kann für Ihr Tier fast so gefährlich sein wie der Unfall selbst. Es ist extrem wichtig, dabei korrekt zu handeln.

Ziehen Sie den verletzten Hund auf ein Brett oder eine feste Unterlage. Sie müssen sehr vorsichtig sein, um die Wirbelsäule, den Nacken oder die Beine nicht zu biegen. Wenn Ihr Hund sich nicht bewegen kann, achten Sie darauf, dass er genügend Sauerstoff bekommt und atmen kann. Fixieren Sie ihn auf der Unterlage, indem Sie einen Schal oder ein Tuch um seine breiteste Stelle legen und um das Brett knoten. Das Tier sollte nicht verrutschen können, gleichzeitig ist es wichtig, das Tuch nicht zu fest zu binden, um eventuell verletzte Organe nicht zu quetschen.

Blutungen stoppen
Die meisten Blutungen sehen schlimmer aus, als sie sind. Allerdings kann bereits ein kleiner Holzsplitter einen nicht enden wollenden Blutstrom bewirken. Deshalb ist es hier

wichtig, herauszufinden, ob wichtige innere Gefäße verletzt sind oder ob es nur ein kleiner Schnitt ist, der wie eine lebensgefährliche Verletzung wirkt.

Um einen ersten Eindruck zu gewinnen, lassen Sie Wasser über die Wunde laufen und saugen dann mit etwas Gaze den Blutfluss auf. Befinden sich keine Fremdkörper in der Wunde, stoppen Sie mit leichtem Druck die Blutung.

Blutungen, die auch nach einigen Minuten nicht von selbst zum Stillstand gekommen sind, benötigen dringend weitere Aufmerksamkeit. Es gibt einige Punkte am Körper Ihres Tieres, durch die das Blut vom Herzen zu der Wunde fließt. Bei starken Blutungen reicht an diesen spezifischen Stellen der Druck Ihres kleinen Fingers auf die Arterie aus, um die Blutung zu verlangsamen. Sie sollten dabei gleichzeitig drei Finger mit Wundmull (steril) oder Gaze auf der eigentlichen Wunde gedrückt halten.

Diese wichtigen Druckpunkte befinden sich an folgenden Stellen:

- Am Übergang der Unterkieferknochen in das Ohr
- An den weichen Ausläufern links und rechts neben der Luftröhre Ihres Tieres
- Unter der Achselhöhle
- In der Mitte der Leiste, wo das Bein auf den Körper trifft
- Unter der Schwanzbasis

Sollten Sie es sich selbst nicht zutrauen, diese Stellen exakt zu lokalisieren, so fragen Sie bitte Ihren Tierarzt. Ein falscher Griff kann Ihrem Hund manchmal mehr schaden als Ihr guter Wille.

Lösen Sie den Druck auf den Punkt alle zehn Sekunden für etwa zwei Sekunden. Insgesamt sollte der ganze Prozess nicht länger als vier bis fünf Minuten dauern. Wichtig ist, dass Sie mit der Druckkraft des kleinen Fingers arbeiten. Die Unterbrechung des Fingerdrucks alle zehn Sekunden erlaubt der Wundumgebung, mit Blut versorgt zu werden. Wunden, die stark bluten, sollten auf alle Fälle schnell von einem Tierarzt versorgt werden. Zum Desinfizieren der Wunde empfehle ich, eine dreiprozentige Wasserstoff-Peroxyd-Lösung auf die Wunde zu träufeln.

Wiederbelebung

Wenn Ihr Hund einen Unfall erlitten hat, hört sein Herz möglicherweise auf zu schlagen und/oder das Tier atmet nicht mehr. Ähnlich wie bei der Wiederbelebung eines Menschen haben Sie jetzt etwa drei bis fünf Minuten Zeit, um zu handeln. Wird das Gehirn länger als drei bis fünf Minuten nicht mit Sauerstoff versorgt, kann es irreparable Schäden davontragen.

Die folgende Anleitung zeigt, wie Sie eine solche Wiederbelebung einleiten:

1. Den Atemweg reinigen

Entfernen Sie mit Ihrem Zeige- und Mittelfinger Futterreste oder Erbrochenes aus dem Maul des Tieres. Rechnen Sie damit, dass Ihr Hund Sie dabei eventuell beißt. Manche Tiere beginnen bereits jetzt damit, die Atmung wieder selbstständig aufzunehmen. Sollte dies nicht geschehen, so stellen Sie sicher, dass der Hals nicht gekrümmt ist. Der Kopf sollte in einer Linie zum Körper liegen.

Aber Vorsicht: Führen Sie alle Bewegungen am Hals und Nacken sanft aus, für den Fall, dass ein Bruch stattgefunden hat. Ziehen Sie die Zunge sanft aus dem Maul, um festzustellen, ob die Speiseröhre verstopft ist.

2. Atemhilfe
Hat Ihr Hund noch nicht mit dem selbstständigen Atmen begonnen, halten Sie ihm das Maul zu und schließen Ihren Mund über den Nasenlöchern des Tieres. Blasen Sie nur zweimal SANFT in die Nasenlöcher, gerade stark genug, um zu sehen, ob sich die Brust hebt und senkt (zu heftiges Hineinatmen kann die Lungenflügel kleiner Tiere verletzen!). Wenn sich die Brust nicht hebt, überprüfen Sie die Position des Halses und wiederholen die Atmung.

3. Den Blutfluss anregen
Drehen Sie Ihren Hund auf dessen rechte Körperseite. Legen Sie die Unterkante Ihrer Hand über die Rippen auf der linken Seite Ihres Tieres. Sie sollte sich über dem Herzen befinden. Legen Sie dann Ihre andere Hand über die erste und pressen Sie ca. anderthalb Zentimeter in die Tiefe. Bei mittelgroßen Hunden sollten Sie drei Zentimeter nach unten drücken und bei sehr großen Hunden vier Zentimeter. Tierärzte empfehlen, diese Bewegung fünfzehnmal zu wiederholen. Atmen Sie dann zweimal in die Nase des Tieres und wiederholen Sie die fünfzehnfache Herzmassage. Versuchen Sie, so lange durchzuhalten, bis Sie bei einem Tierarzt angekommen sind.

Bisse

Verletzungen durch Bisse sind sehr gefährlich, denn mit dem Eindringen der Zähne des Angreifers bekommen auch Bakterien und Viren Zugang zu den Blutbahnen Ihres Tieres. Einen Biss mit Wasser zu reinigen kann diese Keime und Viren noch tiefer in die Wunde spülen und die Situation verschlimmern. Sie sollten tiefere Bisswunden immer von einem Tierarzt professionell reinigen und behandeln lassen.

Ich selbst habe immer Wasserstoff-Peroxyd zu Hause, mit dem ich Bisswunden reinigen kann. Dieses Mittel ist für Ihr Tier schmerzfrei und desinfiziert erstklassig, denn es schwemmt Fremdstoffe regelrecht aus der Wunde. Sie bekommen es rezeptfrei in allen Apotheken und sollten darauf achten, dass die Lösung dreiprozentig ist.

Autounfälle

Ein Autounfall ist für Ihren Hund aus mehreren Gründen traumatisch. Ein Auto gehört für ihn zu den Menschen, die er liebt. Hunde haben mir oft erzählt, dass sie das Auto ihrer Halter erkennen und sich dort sicher fühlen. Selbst nach einem mittelschweren Autounfall ist der Hund noch um seinen Menschen besorgt und sucht den Kontakt. Viele Hunde fragen sich dann: Warum hat mein Halter zugelassen, dass ich verletzt wurde? Ein Unfall ist für Ihren Hund nicht einfach ein Ereignis. Die Situation wird häufig als Vertrauensbruch erlebt. Ein Hund, der eng mit seinem Menschen lebt, glaubt mehr an dessen Instinkt und Sinne als an seine eigenen. Er verlässt sich auf seinen Halter.

Sollte Ihrem Tier bei einem Unfall augenscheinlich nichts geschehen sein (vielleicht ist es nach dem Unfall sogar aufgestanden und von der Straße gelaufen), so können dennoch innere Verletzungen, Blutungen, Quetschungen und die Verletzung von Nerven vorliegen. Der energetische Schock und der Vertrauensverlust, den Ihr Hund erleidet, sind enorm. Leider bleibt ein solches Trauma manchmal ein Hundeleben lang in die Seele eines Tieres eingebrannt. Für die energetische Erstversorgung hilft es hier besonders, Ihrem Tier Notfalltropfen zu geben und es mit der Aura-Soma-Flasche Nr. 26 einzureiben.

Nachfolgend steht, was Sie sonst noch auf dem Weg zum Tierarzt tun können:

1. Überprüfen Sie, ob das Tier atmet, indem Sie das Heben der Brust beobachten. Falls Sie einen Taschenspiegel bei sich tragen, so halten Sie ihn unter die Nase des Tieres und beobachten, ob er beschlägt.

2. Überprüfen Sie als Nächstes den Puls. Diesen finden Sie am besten in der Leiste. Falls Sie nichts fühlen können und das Tier nicht atmet, fangen Sie mit der Wiederbelebung an.

3. Stoppen Sie Blutungen.

4. Bedecken Sie den Hund am besten mit einem Mantel oder einer Decke, um die Gefahr eines Schocks zu mindern.

5. Wenn Sie sehen, dass ein Knochenbruch vorliegt, fixieren Sie diese Stelle.

6. Bringen Sie den Hund so schnell wie möglich zu einem Tierarzt.

Erstickungsanfälle

Wenn Ihrem Hund etwas im Hals stecken bleibt und er länger als bei einem normalen Übergeben würgt, besteht Erstickungsgefahr. Hunde verschlingen ihr Futter größtenteils. Seine Jagdbeute schnell hinunterzuwürgen ist Teil des Beuteschemas des Hundes. Hühnerknochen, zerlegbares Spielzeug oder Plastikverschlüsse sind potentielle Gefahrenquellen.

Wenn Ihr Hund wirklich etwas verschluckt haben sollte und bewusstlos ist, sollten Sie schnell handeln. Sein Gehirn kann infolge des Sauerstoffmangels bleibende Schäden davontragen und eventuell sogar absterben.

Fassen Sie bei einer Ohnmacht in den Rachen des Hundes und entfernen Sie den festsitzenden Gegenstand, wenn möglich. Ziehen Sie auch die Zunge aus dem Rachen, damit Ihr Hund mehr Luft bekommt. Sollten Sie nicht imstande sein, den Gegenstand so zu entfernen, verhalten Sie sich folgendermaßen: Pressen Sie unterhalb der Rippen des Tieres, bringen Sie so das Zwerchfell nach vorne und üben Sie damit Druck auf die inneren Atemwege aus. Dies bewirkt, dass ein Objekt regelrecht herausgeblasen wird. Hier erfahren Sie die genaue Technik:

Wenn Ihr Hund steht

Stellen Sie sich hinter das Tier und legen Sie Ihre Arme eng um den Bauch Ihres Hundes, so dass sie sich unterhalb des Rippenbogens schließen. Bei kleinen oder schmalen Hunden umfassen Sie die Seiten mit Ihren Händen. Bilden Sie mit einer Hand eine Faust und platzieren Sie die andere Hand darauf. Drücken Sie so kurz und kräftig in den Bauch. Oft reicht dies, um einen Fremdkörper herauszudrücken. Wenn Sie ein sehr zartes Tier besitzen, üben Sie nur wenig Druck aus.

Sollte nach der ersten Behandlung nichts geschehen, so erhöhen Sie den Druck mit jedem weiteren Durchlauf.

Wenn Ihr Hund bewusstlos ist

Legen Sie das Tier auf die Seite. Fühlen Sie mit einer Hand nach der letzten Rippe und legen Sie die andere Hand hinter die Schulterblätter, um das Tier zu stabilisieren. Üben Sie fünfmal hintereinander einen leichten Schlag unterhalb des Rippenbogens Richtung Oberkörper aus. Sollten die Atemwege auf diese Weise nicht gleich frei werden, wiederholen Sie den Ablauf.

Schnitte

Hunde ziehen sich im Laufe ihres Lebens viele kleine und größere Schnittwunden zu. Ich erinnere mich an die erste Verletzung meines Hundes Mercucio; mit einem Verband um seine Welpenpfote hinkte er dramatisch, wann immer ihn jemand ansah und tröstete. Ansonsten hopste er vergnügt herum.

Da sich Hunde im Wald oder auf dem Feld auch an rostigen Gegenständen verletzen können, ist eine gute Desinfektion unerlässlich. Wenn Sie ein rostiges Stück Metall eindeutig als Schnittursache ausmachen können, gehen Sie besser zum Tierarzt. Es kann schnell zu einer Blutvergiftung führen.

Um leichte Schnitte können Sie sich gut selbst kümmern. Am besten scheren Sie die Haare um die Wunde kurz. Sie sehen dann, wie groß die Wunde ist. Lassen Sie viel Wasser über die Wunde laufen und tragen Sie ein Desinfektionsmittel auf. Versorgen Sie die Wunde auf diese Weise dreimal täglich. Es hilft, Infektionen vorzubeugen.

Eine Schnittwunde sollten Sie nur mit einem Verband versehen, wenn sie wirklich tief ist. Ansonsten heilt eine kleine Verletzung in Kontakt mit Sauerstoff besser ab. Schnittwunden an den Pfoten sollten Sie allerdings besser verbinden, denn dort befinden sich viele feine Blutgefäße, die unter Druck leicht mit einer erneuten Blutung reagieren.

Wenn Sie eine Pfote verbinden, reinigen Sie die Wunde zuerst und beginnen Sie dann mit dem Verbinden der Zehen. Versuchen Sie, diese mit dem Verband zu stützen und damit den Druck des restlichen Verbandes möglichst gering zu halten.

Wickeln Sie den Verband langsam von der Pfote nach oben zum Unterbein und fixieren Sie ihn abschließend. Achten Sie darauf, dass der Abschluss des Verbands nicht zu straff ist, um eine Quetschung der Blutgefäße zu verhindern. Sollte sich Ihr Hund gegen den Verband wehren, ziehen Sie ihm eine spezielle Verbandsocke oder einen Verbandschuh darüber und fixieren Sie diesen.

Sie sollten den Verband täglich wechseln. Verwenden Sie zum Abtupfen des Blutes niemals Watte! Die feinen Fasern könnten in der Wunde kleben bleiben und sie verunreinigen. Ist eine Wunde stark verschmutzt und länger als ein Zentimeter, rufen Sie Ihren Tierarzt – hier ist die Gefahr einer Infektion groß.

Ertrinken

Hunde sind gute Schwimmer. Trotzdem kommt es immer wieder vor, dass sie sich selbst überschätzen und zu waghalsig werden. Ich habe immer wieder von Hunden gehört, die von der Strömung davongerissen wurden und fast ertrunken wären.

Ist Ihr Hund im Wasser bewusstlos geworden, beginnen Sie ihn sofort zu wärmen und geben Sie eine Mund-zu-Nase-Beatmung. Beim Ertrinken ist es wichtig, das Wasser aus der Speiseröhre und den Lungen herauszubekommen. Legen Sie den Hund auf die rechte Seite, versuchen Sie, das Maul zu öffnen und die Zunge vorsichtig herauszuziehen. Jetzt versuchen Sie durch Druckbewegungen im Schulter- und Seitenbereich, das Wasser Richtung Maul zu treiben. Wiederholen Sie diesen Vorgang immer zwischen Mund-zu-Nase-Beatmung und Brustmassage. Suchen Sie sofort einen Tierarzt auf.

Der Herzinfarkt

Bei einem Herzinfarkt erhöht sich die Temperatur im Körper des Hundes drastisch und das Gehirn kann ernsthaften Schaden davontragen. Ein Herzinfarkt kann leider auch einen jüngeren Hund treffen. Überfütterte und wenig belastbare Tiere tragen ein deutlich höheres Risiko als schlanke, gesunde Hunde. Spezielle Züchtungen wie Möpse oder Hunde mit übergroßen Herzen wie Windhunde sind ebenfalls Risikogruppen. Hunde mit flach gezüchteten Nasen, die im Sommer im geparkten Auto gelassen werden, sind ebenfalls gefährdet.

Zum Glück wissen die meisten Hundeliebhaber, dass dies eine Quälerei ist. Einen Hund während tropischer Temperaturen im Auto eingesperrt zu lassen ist eine miserable Angewohnheit von unsensiblen Tierhaltern. Leider kostet dieses Verhalten jeden Sommer viele Hunde das Leben. Ob Ihr Hund ein erhöhtes Herzinfarktrisiko aufweist, erkennen Sie an folgenden Merkmalen:

• deutlich sichtbares Übergewicht
• eine kurz gezüchtete Nase
• hohes Lebensalter

Deutliche Anzeichen für einen Herzinfarkt bei einem Hund sind glasige Augen, ein heftiges Atmen, ein Schwächeanfall oder tiefrotes Zahnfleisch.

Ein Herzanfall oder -infarkt sollte schnellstmöglich vom Tierarzt versorgt werden. Sie können Ihren Hund auf dem Weg dorthin unterstützen, indem Sie ein Handtuch in kaltes Wasser (kein Eiswasser) legen und das Tier damit kühlen. Auch die Klimaanlage im Auto leistet gute Dienste.

Zusätzlich können Sie Ihrem Hund einige Notfalltropfen in die Innenohren träufeln und in das Zahnfleisch einreiben. Auch die Aura-Soma-Balance-Flasche Nr. 26 und das Händeauflegen mit Magnified Healing oder Reiki helfen dem Hund, wieder zu Kräften zu kommen.

Vergiftungen

Hunde sind liebevolle und gutgläubige Wesen. Sie können sich nicht vorstellen, dass ihnen eine Substanz nicht gut bekommt. Ältere Hunde entwickeln ein Gespür hierfür auf Grund ihrer bisherigen Erfahrungen. Junge Hunde wollen alles probieren und können sich nicht vorstellen, dass sie durch eine Substanz vergiftet werden könnten.

Die meisten Vergiftungsunfälle passieren aus Unachtsamkeit der Halter. Auf dem Spaziergang verschwindet der Hund oder er gelangt zu Hause an den Putzmittelschrank. Traurig ist, dass es immer wieder mutwillige Vergiftungen durch Menschen gibt.

Der Hund einer guten Freundin wurde durch einen vergifteten Köder, der über den Gartenzaun geworfen wurde, vergiftet. Bei der Obduktion kam heraus, dass es sich dabei um ein Gift handelte, das seit 20 Jahren nicht mehr produziert wird. Ich riet ihr dazu, eine Belohnung für Hinweise auf den Täter auszusetzen, was sie dann auch tat. Zeitgleich erstattete sie Anzeige bei der Polizei. Wie sich herausstellte, waren mehrere Hunde auf dieselbe Weise umgekommen und niemand hatte etwas dagegen unternommen. Als die örtliche Presse darauf aufmerksam wurde, schien endlich etwas zu passieren. Kurz vor der Veröffentlichung bekam meine Freundin einen Anruf von der Polizei. Sie sollte ihre Plakate abhängen, da diese ohne Impressum bzw. Namen waren. Sie hatte nur eine Telefonnummer angebracht. Ihr Anliegen und Engagement waren nutzlos. Ich habe mehrere ähnliche Fälle erlebt und möchte Sie darum bitten, gut auf Ihren Hund aufzupassen.

Viele Vergiftungen sind nicht sofort erkennbar. Sie werden erst erkannt, wenn sie über den Verdauungstrakt weiter in den Körper vordringen und dort Organe angreifen.

Deutliche Zeichen für eine Vergiftung sind:
- geschwollene Gesichtspartien
- Blutungen an Maul und After
- Atemprobleme
- Desorientierung

- langsamer Herzschlag und Müdigkeit
- kreisrunde Schwellungen am Körper

Wenn Ihr Hund Gift gefressen hat, können Sie ihm am besten helfen, indem Sie ihn zum Erbrechen bringen. Um diese Reaktion einzuleiten, können Sie eine dreiprozentige Wasserstoff-Peroxyd-Lösung geben. Dosieren Sie einen Teelöffel Lösung auf fünf Kilogramm Körpergewicht. Falls Sie eine Spritze für Bratensaft oder einen kleinen Trichter besitzen, können Sie vorsichtig die auf Ihr Tier abgestimmte Menge in den hinteren Teil des Mauls laufen lassen. Der Hund sollte sich bei dieser Prozedur nicht verschlucken, sondern die Lösung ganz normal herunterschlucken. Normalerweise übergibt sich ein Tier danach innerhalb weniger Minuten. Zeigt diese Maßnahme beim ersten Anlauf keine Wirkung, so wiederholen Sie den Vorgang nach 25 bis 30 Minuten.

In einigen Fällen kann ein Erbrechen des Hundes die Vergiftung verschlimmern. Speziell Abflussreiniger verbrennt die Speiseröhre des Tieres beim Hochkommen ein zweites Mal. Es ist also sehr wichtig zu wissen, was genau Ihr Tier zu sich genommen hat.

Nachstehend finden Sie eine Liste von Giften mit der Anmerkung, ob das Einleiten des Erbrechens sinnvoll oder schädlich ist. Unabhängig davon sollten Sie sich mit Ihrem Tier auf dem schnellsten Weg zum Tierarzt begeben.

Art der Vergiftung	Erbrechen einleiten?
Abflussreiniger	Nein
Ameisengift	Ja
Aspirin	Ja
Batterieflüssigkeit	Nein
Bleichmittel	Nein
Farbverdünner	Nein
Frostschutzmittel	Ja
Haushaltsreiniger	Nein
Insektizide	Ja
Medikamente, Anti-histamine, Barbiturate, Amphetamine, Herz-tabletten, Vitamine	Ja
Pestizide (nur auf Wasserbasis)	Ja
Rattengift	Ja
Schneckengift	Ja
Streusalz	Nein
Terpentin	Nein
Weißer Leim oder Klebstoff	Nein

15. Leben und Sterben mit der Nase im Wind

»Der Himmel ist kein Ort, in den wir kommen.
Er ist etwas, das wir in uns tragen.«

Rabbi Schneerson

Die Vorstellung, den geliebten Hund einmal nicht mehr
an seiner Seite zu haben, ist schwer zu akzeptieren. Einen
geliebten Freund, der jede Lebensveränderung, jede Stimmung mit einem teilt, will man nicht verlieren. Wenn die
Augen Ihres Hundes langsam trübe werden, der Gang etwas weniger geschmeidig und er mehr Ruhe braucht, beginnt Ihr Freund zu altern. Spätestens jetzt verteilen sich
die Rollen in Ihrer Beziehung neu. Der junge Hund, der
so viel Freude und Kraft geschenkt hat, braucht nun lang-

sam Ihre Unterstützung. Was der Mensch seinem Tier bewusst oder unbewusst in dessen Jugend genommen hat, kann er ihm nun im Alter zurückgeben.

Was bedeutet Alter bei einem Hund? Je nach Rasse spricht man von einem Hund, der in das Alter kommt, erst ab dem sechsten bis achten Lebensjahr. Kleine Hunderassen haben eine deutlich höhere Lebenserwartung. Diese Hunde können gut zwischen 15 und 19 Jahren alt werden. (Ich kannte einen betagten Pudelherren im Alter von 21 Menschenjahren!)

Große Hunde altern auf Grund der stärkeren körperlichen Belastung, die Knochen und Gelenke abfangen müssen, schneller. Auch die Züchtung spielt eine wichtige Rolle. Hunde, die darauf gezüchtet wurden, wie ein Pilz in die Höhe zu wachsen, wie z. B. die Deutsche Dogge, zahlen dafür im Alter ihren Preis. Wie bereits erwähnt, spielt auch die Ernährung eine wichtige Rolle im gesamten Wohlbefinden Ihres Hundes. Hat er energetisch hochwertige Ernährung genossen, hilft das seinem Körper, im Alter fit zu bleiben. Er profitiert davon. Tiere, die mit Misshandlung und starkem seelischem Stress in ihrem Leben fertig werden mussten, altern deutlich schneller.

Ein weiterer Faktor, der das Altern begünstigt, ist die langjährige Gabe von Medikamenten. Auf Dauer wird die Aura des Tieres geschwächt und negative Schwingungen wie Stress können leichter zum physischen Körper durchdringen. Viele pharmazeutische Stoffe lagern sich im Körper ab und vermindern den Erneuerungsprozess der Zellen. Operative Eingriffe wie die Kastration oder die Sterilisation die verursachen einen Schock in der betroffenen Gewebepartie. Dieser kostet Ihren Hund viel Kraft. Er stimuliert sein Immunsystem, um seine eigene Heilung zu beschleunigen.

Die größte Belastung für den Hund liegt in einer dauerhaften Konzentration des Halters auf ihn. Der Hund muss dann wie ein Stossdämpfer alle seelischen Belastungen des Halters abfangen. Sie kennen bestimmt die klassische Situation, in der eine ältere Frau ihren Hund als einen stillen Zuhörer für den gesamten Frust, der sich bei ihr angesammelt hat, ansieht. Diese energetischen Abladungen belasten den Hund, sowohl in seiner Aura als auch in seinem physischen Körper, und führen zu einer schnellen Alterung.

Man kann diesen Prozess am gesamten Körper des Tieres beobachten. Besonders deutlich bemerkbar macht er sich an dem mangelnden Glanz der Pupillen und der nachlassenden Spannkraft der Haut direkt um die Augen. Bei schneller Alterung verliert der Hund dort seine Pigmentierung.

Der Seelenplan des Hundes

Jedes Tier hat einen Seelenplan, der bestimmte Krankheiten für die Seele als Lernaufgabe vorsieht. In jeder Phase der Krankheit ist eine vollständige Heilung möglich.

Dieser Prozess hilft Ihrem Tier, Karma zu lösen. Karma ist keinesfalls ein dunkler schwerer Sack voller Strafen, wie häufig angenommen wird. Karma beschreibt den Kreislauf von Ursache und Wirkung. Hinduismus und Buddhismus sind die bekanntesten Religionen, die dieses Konzept vertreten. Im besten Sinne bedeutet Karma (Karman = Tat), dass ein Wesen die Ursache und Wirkung von verschiedenen Aspekten in seinem Leben erkennt.

Nur wenige Menschen erkennen diesen Kreislauf. Im katholischen Glauben wird die Wiedergeburt durch das Fegefeuer ersetzt, der Handlung folgt Strafe und Erkenntnis ist nicht möglich. Ihr Hund erkennt Ursache und Wirkung. In jedem Augenblick seines Lebens versucht er, zu geben und Heilung zu erfahren. Ich habe viele Hunde kennen gelernt, die den Kontakt zu einem bestimmten Engel gesucht haben, mit dem Wissen, dass er ihnen hilft. Zu Beginn meiner Arbeit war ich sehr erstaunt. Es was schwer für mich, zu glauben, dass ein Tier so bewusst etwas für die Entwicklung seiner Seele wünscht. Diese Hunde haben in der jeweiligen Situation sehr viel Energie aufgebracht. Ein Gefühl, das ich sonst nur von spirituellen Menschen kannte.

Ihr Hund macht sich nichts aus seinem Alter. Er möchte nicht unbedingt ewig leben und am wenigsten Wert legt er auf einen langen Lebensabend mit eingeschränkter Qualität. Tiere haben keine Angst vor dem Sterben. Da sie hellsichtig sind und teilweise in die Zukunft spüren können, wissen sie, dass es kein endgültiges Ende ist. Sie leben im Kreislauf von Reinkarnation und Wiedergeburt. Jedes Leben ist eine neue Möglichkeit, als Seele zu wachsen und sich selbst zu erfahren. Wir Menschen spielen dabei eine weit weniger wichtige Rolle, als wir annehmen. Ihr Tier inkarniert nicht weil Sie hier sind. Es inkarniert, weil es dem Willen der Schöpfung folgt. Dass es zu Ihnen geführt wird oder Sie zu ihm, ist der Wille dieser Schöpfung. Genauso wie Sie einem Lebenspartner zugeführt werden oder in einer vielleicht schwierigen Familie inkarnieren.

Ihr Hund folgt seiner Schöpfung. Es kann sein, dass er durch die starke Liebe zu jemandem diesem Wesen im nächsten Leben begegnet. Vielleicht um etwas zu beenden, vielleicht um diesem Wesen die Möglichkeit zu geben, sich weiterzuentwickeln. Wiedergeburt ist kein versponnenes esoterisches Konzept. Es ist eines der ältesten Bewusstseins- und Lebenskonzepte der Menschheit. An ein einma-

liges Leben zu glauben bedeutet, nicht über sein »Ich«
hinaussehen zu können.

Wendet sich Ihr Hund dem Ende seines Lebens zu, ist
es sein Wunsch, sanft an seinem Lieblingsplatz zu ent-
schlafen. Ein feinfühliger Mensch wird schon Wochen vorher die Zeichen für seinen Übergang zu deuten wissen. Er
wird erkennen, dass sein Hund sanfter und schmusiger
wird und in vielen Dingen, die ihn früher stimuliert haben,
nicht mehr wie gewohnt reagiert.

Seine Augen bekommen einen warmen Schimmer und
Verspannungen lösen sich. Er frisst genau so wie zuvor,
wenn nicht sogar mehr. Während dieser Zeit rückt sein
Schutzengel und geistiger Führer näher an ihn heran und
gemeinsam erhöhen die beiden Wesen seine Schwingung.
Engel des Übergangs finden sich langsam ein und warten
auf den Punkt, an dem er loslassen möchte. Wenn es so
weit ist, löst sich seine Seele über das Kronenchakra, Herzchakra oder die linke Körperseite, die ätherische Spalte.

War der Hund glücklich in seinem Zuhause, bleibt
seine Seele dort noch einige Stunden nach seinem Ableben und schwingt sich dann langsam aus. Für hellsichtige
Menschen ist die Seele ein großes Licht, ich sehe sie als
eine sehr helle Kugel aus dem Körper austreten. Sie füllt
den Raum mit unendlich viel Liebe und nimmt dann Abschied. Vielleicht hören Sie noch Monate nach dem Übergang Ihres Hundes seine Pfoten auf dem Parkett oder
haben das Gefühl, dass er sich in seinen Lieblingskorb legt.
Ich kann Sie beruhigen. Es ist wirklich so. Einem Teil der
Seele steht es frei, noch zu bleiben und die Trennung für
den Menschen zu erleichtern. Ihr Hund hat genau wie Sie
viele Seelenanteile, die in unterschiedlichen Dimensionen
wirken. Stirbt er, lösen sich die Seelenanteile, deren Aufgabe erfüllt wurde, sofort und schwingen sich wieder bei

den Überseelen ein. Dort findet eine Erholungsphase statt, in der die Seelenanteile ihre gelebten Erfahrungen wirken lassen. Diese Phase kann bis zu mehreren Jahren dauern.

Dann bereitet sich das Hauptbewusstsein eines Wesens (man kann es auch Hauptseelenanteil nennen) auf eine erneute Geburt vor. Zu diesem Zweck sammelt sie wieder verschiedene Seelenanteile um sich. Stellen Sie sich ein wundervoll geflochtenes goldenes Seil vor. In der Mitte dieses Seils ist ein roter Faden, der sich als das Hauptbewusstsein durch alle Leben zieht. Dieser Faden ist es, der Sie und Ihren Hund als Individuen ausmacht.

Wenn Sie Ihren Hund auf diesem Weg liebevoll begleiten möchten, ist es wichtig, dass Sie sich und Ihren Schmerz zurückstellen. Jetzt steht Ihr Tier im Vordergrund. Natürlich dürfen Sie trauern, aber bitte begraben Sie Ihren Hund nicht lebendig. Damit meine ich, so lange er lebt und sich jeden Morgen aufs Neue freut, Sie zu sehen, zu essen und Gassi zu gehen, ist er DA. Nehmen Sie die Situation, wie sie ist. Grübeln Sie nicht über sein Ableben nach. Ihr Hund sieht sich als sehr lebendig und kann Ihre Sorgen nicht verstehen. Wenn es Ihrem Freund sehr schlecht geht, er z. B. einen Unfall hatte und im Sterben liegt oder Sie den Tierarzt rufen müssen, bleiben Sie ruhig.

Die Ruhe und der Frieden, die Sie in sich tragen, nimmt Ihr Hund mit in sein nächstes Leben. Der letzte Moment vor dem Tod ist sehr prägend für eine Seele. Viele Hunde, mit denen ich nach ihrem Tod gesprochen habe, konnten nicht verstehen, warum ihre Menschen geweint und geschrien haben. Sie dachten tatsächlich, sie würden für ihr Sterben bestraft. Wenn Sie im Moment des Übergangs nur Ihren Schmerz und Verlust sehen, bleibt Ihnen eine wirklich einzigartige Erfahrung verschlossen. Sie können das Tier auf der anderen Seite nicht wahrnehmen.

Kurz nach dem Tod eines jeden Lebewesens bleibt es in einem gut zugänglichen Energiebereich noch sichtbar. Sie können Ihren Hund dann in seinen besten Jahren, so wie er sich selbst wahrgenommen hat, sehen. Wenn Sie diesen Zustand zulassen können, ist alle Trauer wie verflogen. Sie spüren die absolute Erfüllung und das Glück Ihres Tieres. Dann haben Sie keine Angst mehr, ohne es weiterzuleben. Sie werden von seinem Glück getragen und erfüllt sein. Sie spüren, wer Ihr Hund wirklich war.

Gibt es für Ihren Hund ein Leben nach dem Tod?

Diese mir häufig gestellte Frage kann ich sehr deutlich mit Ja beantworten. Tiere und Menschen unterliegen dem Zyklus der Wiedergeburt. Eine Seele kann mehrfach inkarnieren und diese wiederholten Inkarnationen können nach unseren zeitlichen Maßstäben bis 2000 Jahre und länger andauern. Bei einer Seele, die 2000 Jahre oder älter ist, sprechen wir von einer »alten Seele«.

Das Wort Garten Eden stammt aus dem Hebräischen (Gan Eden) und bedeutet Paradies. Ein Gebiet des Friedens ist gemeint, an dem wir in vollkommener Einheit sind. Wenn Sie Ihren Körper verlassen, werden Sie einem Teil Ihres Hundes wieder begegnen. Für beide Seelen ein Zusammentreffen tiefer Heilung und Vereinigung.

Der Sinn der Wiedergeburt

Alle Wesen, Tiere, Menschen und Pflanzen, bilden zusammen mit dem Universum eine Einheit. Wenn Sie als Mensch diese Einheit spüren, ist es Ihnen möglich, ohne Angst zu leben. Sie sind frei und erleuchtet. Vor langer Zeit (vor ca. 30 000 Jahren) haben die ersten Seelen Er-

fahrungen auf der Erde gemacht. Die Phase der Bewusstwerdung setzte vor ca. 15 000 Jahren ein. 8 000 Jahre v.
Chr. war man sich der Engel und Energie Gottes sehr bewusst. Die Menschen haben sich und die Tiere als Einheit
verstanden.

Um einen wirklichen Bedarf für die eigene Entwicklung
zu wecken, gingen die Menschenseelen bewusst in eine
Abtrennung. Diese ist als Auszug aus dem Paradies oder
Untergang von Atlantis bekannt; es gibt viele Konzepte,
die diesen Prozess beschreiben. Die Menschen verlernten
nach und nach ihre Fähigkeiten wie Heilung, Hellsichtigkeit und die Gabe, mit den Tieren zu sprechen.

Durch die entstandene Unfähigkeit, die Seele, das Licht
in anderen, auch in Mitmenschen, zu spüren, war es möglich, Schmerz und Leid zu erzeugen. Die Fähigkeit der
Tierkommunikation ging während dieser Entwicklung
verloren. Ein bewusster Mensch erzeugt kein Leid, weder
für sich noch für andere. Die Wiedergeburt ist eine Reise
zur eigenen Schöpfung. Alle Seelenanteile erfahren die
Möglichkeit der Heilung und Erkenntnis während dieses
Weges. Eine Inkarnation ist erfolgreich beendet, wenn Ihr
Hund seine Lebensaufgabe erfüllt hat.

Was passiert im Moment des Todes?

Im Augenblick des Todes löst sich die Seele vom Körper
des Tieres. In diesem Augenblick fällt der Körper etwas in
sich zusammen. Das Fell verliert an Glanz und der Körper an Spannkraft.

Mit dem Verlassen der Seele lösen sich auch feine
Energiebänder, die wir im Laufe unseres Zusammenlebens ausbilden. Mit unserem Tier sind wir über das Herzchakra oder ein anderes Chakra, über das wir Verbindung aufgebaut haben, verknüpft. Stirbt ein Lebewesen,

lösen sich diese Bänder langsam auf. Wird es durch einen Unfall aus dem Leben gerissen, entstehen beim zurückgebliebenen Partner Schmerzen, da diese Bänder abrupt getrennt werden. Diese Wunden im Energiebereich verheilen nur langsam.

Ihr Tier ist im Augenblick seines letzten Atemzugs mit seinem Körper beschäftigt. Ich habe nie erlebt, dass Tiere Angst vor dem Tod gehabt hätten. Sie haben, wenn überhaupt, Angst vor der Reaktion ihres Körpers. Leider versteht Ihr Tier nicht, warum es auf einmal Krämpfe bekommt oder in Atemnot gerät.

Fällt Ihr Tier in die Schnappatmung, da die Seele sich vom Körper löst und das Tier versucht, nach Luft zu schnappen, wird es unweigerlich sterben. Bei Haltern löst dieses Bild der Hilflosigkeit Angst und Schmerz aus. Für Ihr Tier ist es nur unbekannt. Es versucht, sich auch in diesem Moment noch an den von Ihnen gesendeten Gefühlen zu orientieren.

Versuchen Sie, ruhig zu bleiben.

Das folgende Ritual hat sich als sehr wirkungsvoll und unterstützend für die Seele eines Tieres nach seinem Übergang (oder währenddessen) erwiesen.

- Begeben Sie sich in einen meditativen Zustand. Am besten schalten Sie das Telefon aus, schließen die Fenster und räuchern vorher etwas mit einer beruhigenden Kräutermischung. Sie sollten gereinigt, also geduscht oder gebadet sein.
- Nehmen Sie eine bequeme Sitzposition ein (legen Sie sich nicht hin!) und schließen Sie Ihre

Augen. Atmen Sie ca. 15-mal in Ihr Herz (Brustkorb).

– Atmen Sie dann über Ihrem Kopf in Ihr Kronenchakra ein und stellen Sie sich vor, den Atem die Wirbelsäule entlang nach unten zu ziehen und im Wurzelchakra auszuatmen.

– Wiederholen Sie diese Atmung 15-mal.

– Atmen Sie dann im Wurzelchakra ein und ziehen Sie den Atem, das Licht in Ihrer Vorstellung über die Wirbelsäule nach oben und atmen Sie über dem Kronenchakra aus.

– Wiederholen Sie diese Atmung 15-mal.

– Atmen Sie dann 20-mal abwechselnd im Kronenchakra ein und im Wurzelchakra aus.

– Wiederholen Sie diese Atmung in umgekehrter Folge.

– Visualisieren Sie dann weißes Licht (Ihre göttliche Verbindung) und versuchen Sie, Wärme oder eine Verbindung zu diesem Licht zu spüren. Versuchen Sie, sich hinzugeben. Wenn Sie eine Verbindung wahrnehmen, so versuchen Sie, diese mit einem Gefühl der Liebe zu verstärken.

– Rufen Sie dann laut oder in Gedanken Ihre geistigen Führer (auch wenn Sie diese nicht kennen), Engel und Meister (siehe Anhang B, Unterstützer der Tierkommunikation).

– Stellen Sie sich eine goldene Lichtbrücke vor, die Ihrem Herzen entspringt und im Licht mündet. Bitten Sie jetzt die lichten Engel des Übergangs, zu erscheinen. Vielleicht nehmen Sie nach einigen Minuten zwei Lichter links und rechts von der Brücke wahr. Auch wenn Sie diese Wesen nicht wahrnehmen können, sind sie da.

- Bitten Sie jetzt das Tier, welches Sie begleiten wollen, auf diese Brücke. Danken Sie ihm und teilen Sie ihm alles mit, was Sie ihm sagen möchten. Entschuldigen Sie sich nun für Übergriffe und für alles, womit Sie dem Tier bewusst oder unbewusst Leid zugefügt haben. Senden Sie all die Liebe und das Licht, die Sie für Ihr Tier empfinden.
- Lassen Sie nun zu, dass die Engel des Übergangs Ihr Tier auf der Brücke in das Licht begleiten. Lassen Sie zu, dass Ihr Tier Licht wird. Ihr Tier ist nun gelöst und kann sich wieder in seine Überseele einschwingen.
- Ziehen Sie Ihre Lichtbrücke wieder in Ihr Herz zurück. Bedanken Sie sich bei Ihren geistigen Helfern und visualisieren Sie einen dunkelblauen Mantel um sich herum.
- Atmen Sie mehrmals in Ihr Herz und bewegen Sie ihre Finger und Zehen. Öffnen Sie die Augen und gönnen Sie sich noch für ca. eine halbe Stunde Ruhe.

Auch wenn sich Ihr Hund noch im Prozess der Loslösung von seinem Körper befindet, haben Sie seinen Weg sehr erleichtert. Mit diesem Ritual zwingen Sie kein Tier, das noch nicht bereit ist zu gehen. Wenn das Tier noch nicht bereit sein sollte, geben Sie ihm auf diesem Weg die Möglichkeit, seine Verbindung zum Licht zu stärken.

Mit Würde und in Frieden gehen

Der letzte Weg Ihres Hundes ist sehr von Ihrem gemeinsamen Leben geprägt. Ein Tier kann sich unter Qualen dem Tod nähern oder einfach »loslassen«. Der Mensch bestimmt zum großen Teil, welchen Weg es am Ende gehen wird. Es ist nicht immer nötig, sein Tier einzuschläfern. Viele Tierhalter verbinden den Gedanken an den letzten Schritt automatisch mit einer Spritze.

Warum sterben Hunde und Katzen nicht einfach durch hohes Alter oder beim fröhlichen Toben auf der Wiese? Ganz einfach, wir lassen sie nicht. Die wenigsten Tiere haben während ihres Lebens ihren eigenen Raum neben dem Menschen. Unsere Tiere leben ihr ganzes Leben ständig in unserer Umgebung und werden dauernd von uns energetisch belagert. Hunde laufen nur selten weg, weil sie sich kein anderes Leben vorstellen können. Stattdessen existieren sie voll und ganz für den Menschen.

Rolex (11 Jahre), ein weißer Pudel, hat mir erzählt:
»Ich kann nicht mehr. Ständig wird auf mich eingeredet. Es ist keine Freude oder Leichtigkeit in meinem Herzen. Ich spüre nur noch Wut und Trauer. Ich hoffe, ich kann diese Welt bald verlassen.«

Sissy (13 Jahre), eine Pinscherdame, berichtete:
»Mein Frauchen weint ständig. Sag ihr, dass sie mir wehtut und mein Herz schwer macht. Sag ihr, sie soll mich bitte nicht so belasten.«

Wenn wir ein Tier so benutzen, kreieren wir Karma. Ihr Tier wird belastet und es fällt ihm schwer, zu gehen. Ich habe Klienten erlebt, die ihrem Hund regelrecht gedroht haben: »Wenn du gehst, dann gehe ich auch!« Ich konnte sie glücklicherweise vom Gegenteil überzeugen. Für einen Hund bedeutet das auch in der anderen Welt, wenig Ruhe zu finden.

Wie erkennt man, wann ein Hund gehen möchte und ob er Hilfe braucht?

Ihr Tier braucht Ihren Beistand, wenn es Schmerzen hat, Lebenskraft verliert und erschöpft ist. Viele Tierhalter neigen in solchen Situationen dazu, das Tier sehr schnell einschläfern zu lassen. Das Einschläfern sollte der allerletzte Ausweg sein. Es gibt viele Hilfsmittel für den Hund, die Sie vor diesem letzten Ausweg nutzen können:

- Schmerzstillende Mittel
- Reiki, Divine Energy und andere Heilenergien (siehe Anhang)
- Blütenessenzen und Kräutermischungen
- Heilbehandlungen der traditionell chinesischen Medizin (TCM)

Werden die Schmerzen unerträglich und Ihr Hund kann nicht mehr essen, müssen Sie über einen Abschied nachdenken. Handeln Sie hier im Interesse Ihres Tieres. Befragen Sie ein gutes Tiermedium und einen Tierarzt, um die Lage besser einschätzen zu können.

Was kann der Tierarzt tun?

Seit Jahren versuchen die Medien, die Arbeit eines Tiermediums und eines Tierarztes als widersprüchlich darzustellen. Ich habe in all meinen Sendungen meinen Standpunkt hierzu klar dargestellt: Ein Tierarzt (im besten Fall ein Veterinärmediziner mit naturheilkundlicher Zusatzausbildung) und ein Tiermedium ergänzen einander.

Beim Übergang eines Tieres kann ein einfühlsamer Tierarzt eine große Hilfe sein.

Man sollte sich darüber im Klaren sein, dass Tierärzte durch das Kastrieren, Sterilisieren, Impfen und Einschläfern den Löwenanteil ihres Umsatzes bestreiten.

Das Einschläfern eines Tieres ist in unserer Gesellschaft zu einer kranken Selbstverständlichkeit geworden. Es ist leider üblich, dass Hundehalter, die mit dem Alter und dem Gesundheitszustand eines Tieres nicht mehr zurechtkommen – Menschen, die sich selbst Leid ersparen wollen, und Menschen, die nicht weiter Geld in ein älteres Tier und dessen Genesung investieren wollen –, ihre Tiere wie alte Autos ausmustern. Wenn ein Mensch dies nachvollziehen kann, sollte dieser meiner Meinung nach das Zusammenleben mit einem Tier gar nicht erst in Erwägung ziehen.

Ein Tierarzt sollte ins Haus kommen und mit dem Tier vertraut sein, wenn es um den letzten Schritt geht. Er sollte sich Zeit nehmen und das Einschläfern eines Tieres nicht gehetzt zwischen anderen Terminen vornehmen. Wichtig ist, dass Ihr Hund energetisch gelöst und bereit zu diesem Schritt ist. Das wird durch die Arbeit eines erfahrenen Tierkommunikators erreicht.

Ein Halter, der erst vor kurzem die Tierkommunikation erlernt hat und noch nicht mit allen Einzelheiten vertraut ist, eignet sich als Sterbebegleiter für einen Hund nicht. Es ist besser, wenn Sie in so einem Fall ein Tiermedium hinzuziehen, das den direkten Kontakt zu dem Hohen Selbst und der Seele des Tieres aufnehmen kann. Die Frage nach dem Sterbewunsch des Tieres sollte von einem Tiermedium an das Hohe Selbst des Tieres gerichtet werden. Es ist verständlich, dass eine solche Frage nicht an das

Tier selbst gestellt werden kann. Das Tiermedium sollte in seiner Arbeit so viel Erfahrung haben, dass bei dieser Fragestellung nicht eine Antwort aus seinem eigenen Resonanzfeld gegeben wird (eigenes Gedankengut). In meinen Kursen werden die Schüler hierin trainiert. Sie lernen durch verschiedene Techniken, ihr eigenes Resonanzfeld zu isolieren und das des Tieres klar zu erkennen.

Für ein Tier, das sehr willensstark ist, kann es schwer sein, sich aus seinem Körper zu lösen, selbst wenn das Tier dies gerne möchte. Hier helfen Energiebehandlungen, die es dem Tier ermöglichen, sich leichter aus seinem Körper und dessen Erinnerungen zu lösen. So kann ein Tier ohne die Hilfe eines Tierarztes sterben. Ich bringe in so einem Fall das Tier mit seinem   und seiner Seele in Einklang.

Altersvorsorge

Tiere sind von ihren Menschen abhängig. Stößt diesen etwas zu, bleiben die Tiere zurück und brauchen Hilfe. Viele E-Mails und Briefe erreichen mich mit der Frage, ob ich nicht ein Tier vermitteln kann. Ich bitte die wahren Tierfreunde für den Fall ihres eigenen Ablebens das Leben ihres Tieres abzusichern.

Es ist immer hilfreich, eine schriftliche Verfügung auszuarbeiten, in der der Verbleib des Tieres, nach Möglichkeit verbunden mit einer entsprechenden Geldsumme für Tierarztkosten und Futter, festgelegt ist. So manchen Verwandten soll dies, so traurig es ist, die Aufnahme eines Tieres erleichtert haben.

Der Verlust des geliebten Menschen kann nicht durch ein Leben im Tierheim ersetzt werden. Sprechen Sie mit Freunden und Verwandten, wer sich im Notfall wirklich dauerhaft kümmern würde. Übernehmen Sie Verantwortung für Ihr Tier. Ich bitte Sie an dieser Stelle, auch an eventuelle Operationen und Behandlungen (nicht nur im Alter) Ihres Hundes zu denken und etwas dafür beiseitezulegen.

Falls Sie einen hinterbliebenen Hund bei sich einziehen lassen, helfen ihm folgende Mittel: Bachblüten-Notfalltropfen, homöopathisches Arnica in C30 als Schocklöser, Aura-Soma-Flasche Nr. 26.

Die Bestattung

Grundsätzlich haben Sie zwei Möglichkeiten: das Kremieren (Einäschern) oder die Beerdigung. In Deutschland ist es nicht erlaubt, sein Haustier irgendwo in der Natur zu beerdigen. Das hält viele Tierhalter trotzdem nicht davon ab, ihr Tier an einem schönen Platz zu beerdigen. Die folgenden Tipps möchte ich Ihnen gerne trotzdem mitgeben, unabhängig davon, ob Sie Ihr Tier an einer offiziellen Stelle begraben oder nicht.

Nach energetischen Gesetzmäßigkeiten sollte man ein Tier entweder am selben Tag oder am dritten Tag nach seinem Verscheiden bestatten. Am selben Tag aber nur, wenn der Körper sehr zerfallen ist und nur wenig Licht in den Zellen speichern konnte, wie es z. B. bei Krebskrankheiten und anderen Zellveränderungen im Körper der Fall ist.

Wenn Sie ein Tier am selben Tag beerdigen, kann es sein, dass sich die Seele noch nicht vollständig vom Körper gelöst hat. Nach drei Tagen, dem so genannten Bardo, welches wir in fast allen Weltreligionen finden, kann der Körper beerdigt werden. Sie sollten Ihr Tier am besten nur in ein weißes Leinentuch eingewickelt der Erde zurückgeben, aus der es gekommen ist.

Begraben Sie es an einer schönen Stelle, und achten Sie darauf, dass Füchse oder andere Tiere Ihren Hund nicht wieder ausgraben können. Am besten ist es, das Grab mit einem Stein zu beschweren. Ich bin nicht für Särge oder kunstvoll gestaltete Behälter, weil diese den Zerfall des Körpers verlangsamen oder verhindern. Je schneller der Körper in einen anderen Elementarzustand übergeht, desto schneller kann ein Tier mit all seinen Anteilen wieder reinkarnieren.

Wir Menschen haben mit diesen Tatsachen oft ein ästhetisches Problem, nicht aber die Tiere, für die es zum Kreislauf des Lebens gehört und damit völlig normal ist. Wenn Sie Ihr Tier in der Erde beisetzen, können Sie Blumen oder einen Abschiedbrief beilegen.

Die zweite Möglichkeit ist die Einäscherung. Durch den Akt des Verbrennens werden alle negativen Energien getrennt und die Seele kann sich schneller lösen. Außerdem belasten wir die Erde nicht mit Krankheiten und Schmerz. Die Erde, unsere Mutter, muss im feinstofflichen Bereich alle Energien verarbeiten, die an sie abgegeben werden.

Der Hundeseele fällt es nach der Verbrennung ihres ehemaligen Körpers leichter, Krankheit und Trauer zu vergessen. Verstreuen Sie die Asche an einem schönen Platz in der Natur und pflanzen Sie einen kleinen Baum.

Ich kann Ihnen empfehlen, die Asche des Tieres zu verstreuen und nicht etwa zu Hause in einer Urne aufzubewahren. Wenn Sie die Asche eines verstorbenen Tieres bei sich zu Hause aufheben, müssen Sie damit rechnen, dass sich noch nicht aufgelöste negative Energien binden, die Sie und Ihre Mitbewohner (auch Tiere) belasten. Außerdem ziehen Sie mit Ihrem emotionalen Bezug zu der Urne immer wieder die Seele Ihres Hundes zu sich und verhindern so, dass diese frei werden kann.

Begräbnisritual

Ein sehr schönes Ritual besteht darin, etwas von allen Elementen auf das Grab zu legen, als Symbol dafür, dass sich der Körper wieder in alle Elemente zersetzt.

Sie können eine Blume oder einen Strauch pflanzen, und er wird Sie immer an Ihr Tier erinnern. Mit dem Wachstum der Pflanze können Sie beobachten, wie sich das verstorbene Wesen wieder mit Gott verbindet.

Sie können einen Stein beilegen und ihn bitten, auf Ihr Tier zu achten. Tiere haben eine enge Beziehung zu Mineralien. Ich würde den Lieblingsstein Ihres Tieres nehmen oder einen Rosenquarz.

Sie können gesegnetes Wasser über das Grab gießen und das Wasser als Symbol für den Kreislauf des Lebens ansehen.

Sie sollten Ihr Tier möglichst NICHT in die Restkörperverwertung Ihres jeweiligen Wohnortes geben. Die Körper werden dort oft weiterverwertet und landen im Tierfutter oder als Seife auf Ihrem Waschtisch.

Es gibt Tierfriedhöfe, in denen jedes Tier sein eigenes Grab erhält. Sie müssen wissen, dass sich auf so einem Friedhof viel Leid ansammelt und diese Energien sich nicht positiv auf uns auswirken.

Kein Wort des Trostes, kein Gedanke, und sei er auch noch so gut und lichtvoll gemeint, hilft in der Zeit nach dem Übergang eines Tieres. So sehr uns die Trennung von einem Tier Schmerzen bereitet, aus göttlicher Sicht und aus der Sicht des Tieres und seiner Seele ist dieser Tod ein Stufenwechsel. Es gibt nichts, was für eine Seele bedeutungsvoller ist als der Moment des Übergangs und die Phase der Wiedergeburt. Lassen wir das Tier also seinen Weg gehen, freuen wir uns für es und tun alles dafür, dass es seinen Weg leichter gehen kann.

Ich möchte dieses Kapitel mit einem Gedicht von Rudyard Kipling schließen. Ich lese es immer, wenn sich ein Tierbruder oder eine Tierschwester in diesem Leben von mir verabschiedet:

Robbenschlaflied

Oh schlaf nun ein, mein Kleines, die Nacht hat uns wieder.
Und schwarz sind die Wasser, die funkelten grün.
Der Mond über Schaumkronen sucht uns und sieht uns,
Wie wir in den rauschenden Tälern jetzt ruh'n.
Dein Kissen sei weich, dort wo Woge trifft Woge:
Ach müd' sind die Flossen, drum kuschel' dich fein!
Kein Sturm soll dich wecken, kein Hai soll dich holen,
Schlaf' sanft in den Armen der wiegenden See.

16. Ernährung und Alltagsverhalten

Während der letzten zehn Jahre bin ich häufig gefragt worden, ob es für die Tierkommunikation und generell für die spirituelle Arbeit Verhaltensregeln gibt, an die man sich in seinem Leben halten sollte. Ja, diese Verhaltensregeln gibt es. Es ist eine Sammlung von jahrtausendealten Weisheiten, die unsere Lebensweise und Ernährung betreffen. Viele meiner Klienten haben mir berichtet, dass sie bereits einige Wochen nach der Umstellung ihrer Gewohnheiten spirituell viel schneller eine sehr hohe Schwingung aufbauen konnten, klarer in ihrer Kontaktaufnahme mit Tieren waren und sich besser und gereinigt fühlten.

Verhalten im Alltag

Wir als Europäer haben während der letzten zwei- bis dreihundert Jahre gelernt, uns als Individuen zu betrachten, und es somit geschafft, uns von vielen Regeln zu befreien. Leider sind mit dieser Befreiung auch viele unserer Werte, Prinzipien und vererbtes spirituelles Wissen verloren gegangen.

Versuchen Sie in Ihrem Alltagsleben, bestimmte Verhaltensregeln, die als allgemein akzeptiert gelten, zu hinterfragen. Seien Sie ruhig skeptisch. Warum darf man sich nicht einmischen, wenn ein Mensch einen anderen angreift? Warum soll man nicht eingreifen, wenn ein Mensch ein Tier misshandelt? Warum müssen wir so viele Ängste haben?

Die Ängste werden größtenteils von der Gesellschaft produziert und trüben nur unsere Sicht der Dinge. Wir werden von vielen Ängsten beeinflusst: der Angst vor Arbeitslosigkeit, der Angst vor Tieren, der Angst vor Kindern, der Angst vor dem Fremden, der Angst vor Terroristen, der Angst vor Krankheiten etc. Eine gute Übung zum Loslassen dieser Ängste ist es, Kontakt zu Mitmenschen, zu Tieren und zu Unbekanntem aufzubauen. Durch diesen Kontakt können wir lernen, verschiedene Sichtweisen zu verstehen und mehr Informationen über die Welt und ihre Funktionsweise zu bekommen. Wir können unseren Horizont erweitern.

Das zweite große Hindernis auf unserem Weg zur spirituellen Erleuchtung ist die Habgier. Die Habgier kann sich auf verschiedene Art und Weise äußern: Gier nach Geld, Gier nach Materie, Gier nach Luxus, Gier nach Essen, Gier nach dem, was anderen gehört, Gier nach Wissen und Information, Gier nach Liebe.

Solange wir nach den Gütern dieser Welt gieren und uns danach sehnen, können wir nicht in vollkommener Öffnung dem Licht entgegengehen. Wir schleppen permanent einen gewaltigen Ballast mit uns. Versuchen Sie, bei Ihren Wünschen nach verschiedenen Dingen zurückzutreten. Gönnen Sie ruhig anderen Menschen etwas. Schenken Sie, ohne jeden Hintergedanken, etwas von sich. Wenn Sie offen sind, werden Sie feststellen, dass Ihnen Spenden und Schenken energetisch mehr bringt als Sammeln und Horten.

Ein weiteres Hindernis auf dem Weg zur Öffnung sind gesellschaftliche Einschränkungen und Normen. Ich habe mir auf einer meiner Reisen in Indien in einem Gespräch von einem indischen Yogi sagen lassen, dass das, was uns Menschen an der Verbindung zu unserem Gott hindert, die geistigen Einschränkungen und Verbote sind, die uns durch uns selbst oder die Gesellschaft auferlegt worden sind.

> Versuchen Sie ruhig mal, etwas Neues auszuprobieren. Stellen Sie sich vor, dass vielleicht all die gesellschaftlichen Regeln, die wir hier haben, in ein paar tausend Kilometer Entfernung vollkommen anders sein können. Lassen Sie zu, dass in Ihren Gedanken die vorgegebenen Regeln der Gesellschaft aufgeweicht werden, und stellen Sie stattdessen Ihre eigenen liebevollen und durchdachten Regeln auf.

Ernährung

Sie kennen bestimmt das Gefühl, dass Sie sich nach einer ausgedehnten Mahlzeit kaum konzentrieren können und am liebsten schlafen würden. Daran ist leicht zu erkennen, was für einen Einfluss unser Essen auf unsere spirituelle Wahrnehmung hat.

Um Ihre spirituelle Wahrnehmung zu erweitern bzw. die Aufnahme von Energien zu erleichtern, empfehle ich Ihnen, folgende Regel einzuhalten:

Es ist wichtig zu wissen, dass Sie möglichst unbelastete Lebensmittel zu sich nehmen sollen. Laut meiner Information haben normale Supermarktketten keine allzu schlechte Qualität an Lebensmitteln. Bei Discountern bin ich immer etwas vorsichtiger, nicht alles ist dort schlecht, seien Sie aber trotzdem aufmerksam und vorsichtig. Genauso ist nicht alles unbedenklich und gut, was als biologisch bezeichnet und in Reformhäusern und Bioläden verkauft wird.

Spirituell und energetisch positive Lebensmittel

Wasser
Wasser sollte natürlich gefiltert sein oder ganz bestimmten Quellen entstammen. Leitungswasser wird durch hinzugefügte Kristalle nicht energetisch gereinigt. Es ist denkbar, dass sich die Moleküle und Kristalle dadurch anders anordnen, aber die Giftstoffe und Medikamentenrückstände bleiben darin enthalten.

Obst und Gemüse
Versuchen Sie, möglichst unbehandeltes Obst mindestens zweimal am Tag zu essen. Gemüse sollte ebenfalls unbehandelt sein und möglichst jeden Tag gegessen werden. Kohlsorten und Bohnen sollten höchstens einmal in der Woche gegessen werden.

Brot
Sie sollten zu 80 % Vollkornbrot und 20 % Weißbrot zu sich nehmen. Wie oft Sie Brot essen, ist Ihnen überlassen. Brot am Abend macht die energetischen Zugänge sehr schwach.

Reis
Zwei- bis dreimal pro Woche sollten Sie Reis in Ihren Speiseplan aufnehmen. Es ist egal, ob es sich dabei um Vollkorn- oder Weißreis handelt.

Getreide und Hülsenfrüchte
Einen Teil der Getreide, die Sie brauchen, nehmen Sie über das Vollkornbrot zu sich. Zusätzlich können Sie einmal in der Woche z. B. einen Linsenabend einlegen.

Sojaprodukte

Diese sollten in verschiedenen Variationen (Tofu, Soja-milch, Sojawürste und -pasten) täglich oder mindestens jeden zweiten Tag gegessen werden. Eine gute Alternative ist Seitan.

Gewürze

Würzen Sie Ihre Speisen so, dass Sie stets eine gute Aus-wahl von Geschmackrichtungen haben. Benutzen Sie nach Möglichkeit keine Fertigwürzmischungen. Zu emp-fehlen sind vor allem Muskatnuss, Safran, Kardamon und Chili.

Negative Lebensmittel

Von diesen Lebensmitteln und Genussmitteln sollten Sie nach Möglichkeit ständig Abstand nehmen. Je weniger Sie davon zu sich nehmen, desto mehr spüren Sie die Klarheit und Leichtigkeit Ihres Geistes.

Fleisch (jede Sorte, egal ob rot oder weiß) und Fisch sowie Fleischnebenprodukte, wie z. B. Wurst, Pasten, Sülzen etc.

Produkte, in denen tierische Bestandteile enthalten sind, wie Joghurt und Marmelade mit Gelatine, Gummibär-chen, Tiefkühlkost mit Gelatine, Eis mit Gelatine.

Zucker

Jede Sorte sollte vermieden werden. In fast allen Lebens-mitteln sind Zucker bzw. andere Formen von Zucker wie z. B. Glukose oder Süßstoffe enthalten. Wenn Sie es nicht schaffen, Zucker aus Ihrem Speiseplan zu entfernen, soll-ten Sie zumindest in den Wochen, in denen Sie die Tier-kommunikation üben, auf Zucker verzichten.

Alkohol und Zigaretten
Hier muss ich nicht sehr viel erklären. Diese beiden Drogen sind hinlänglich als absolute energetische Killer bekannt. Medikamente können die energetische Wahrnehmung ebenfalls trüben, allen voran Cortisone.

***

Schlusswort

Am Ende unserer gemeinsamen Reise in die Tierkommunikation, möchte ich mich bei Ihnen bedanken. Sie sind den Weg vom Herrchen/Frauchen zum Seelengefährten gegangen und haben so die Vollkommenheit der Schöpfung Tier für alle Menschen sichtbar gemacht. Lauschen Sie jedem »Wuff« in Ihrer Umgebung, es gilt vielleicht Ihnen…

Anhang A –
Ursprünge der Tierkommunikation

Bei der Tierkommunikation stellt der Mensch eine telepathische Verbindung zu Tieren her. Auf diesem Weg »sprechen« Tier und Mensch miteinander. Da das Verständnis für diesen Weg über die Liebe zu den Tieren geweckt wird, hat jeder Mensch seinen ganz individuellen Zugang. Dieser Zugang ermöglicht es, die Gabe der Tierkommunikation in einem Menschen zu wecken.

Die Wurzeln der Tierkommunikation reichen weit in unsere Vergangenheit zurück. Zu Anbeginn der Schöpfung haben alle Lebewesen tiefe Einheit empfunden und miteinander »gesprochen«. Dieses Wissen befindet sich noch immer in unserem kollektiven Bewusstsein. Als die Menschen Jäger und Sammler waren, konnten sie Tiere verstehen. Sie kommunizierten geistig und der Mensch erlernte von den Tieren wichtige Fähigkeiten zum Überleben. Bei der Jagd beispielsweise versetzte sich der menschliche Jäger in das Tier hinein. Er konnte seine Spur und Bewegungen erfühlen und es daher lokalisieren. Bis in das letzte Jahrhundert haben Ureinwohner Nordamerikas auf diesem Weg gejagt. (Diese überlieferte Fähigkeit nutzt ein Tiermedium zusammen mit seiner Hellsichtigkeit, dabei ein verschwundenes Tier zu finden.) Die Jäger opferten von der Beute einen Anteil ihrem Gott. Damit erfuhr die Seele des toten Tieres Erlösung.

Jede Zivilisation, deren Überleben vom engen Kontakt zu den Tieren abhängt, kommuniziert mit ihnen. Zu den Naturvölkern zählen nicht nur die nordamerikanischen Ureinwohner (Indianer), sondern auch Hawaiianer, Tibeter und Aborigines. Fast alle Naturvölker sind Abkömmlinge früher Hochkulturen, die sich durch Völkerwanderungen und klimatische Veränderungen über die Erde verteilt haben. Alle Hochkulturen haben ihren Ursprung im heutigen Nahen Osten, genauer im Bereich zwischen den Flüssen Euphrat und Tigris. Dieses Gebiet liegt im heutigen Irak und wurde früher Mesopotamien genannt. Spätere Naturvölker konnten ihre Gabe, mit Tieren und höheren Wesen zu kommunizieren, so lange beibehalten, wie sie eine starke Verbindung zu ihrem Gott hatten.

Wenn Sie nicht an Gott glauben und keine Liebe für die Schöpfung insgesamt empfinden, werden Sie nicht mit Tieren in Kontakt treten können. Es ist wichtig zu wissen, dass jeder Mensch diese Fähigkeit in sich trägt. Welcher Religion oder Glaubensrichtung Sie angehören, spielt indes keine Rolle.

Die Tierkommunikation kann jedoch nur durch monatelange, wenn nicht jahrelange Übung und Begleitung durch einen Meister oder Lehrer wirklich erlernt werden. Ich persönlich habe innerhalb eines zweijährigen Aufenthalts in den USA, in Indien und auf der arabischen Halbinsel von verschiedenen Lehrern die Grundlagen der Tierkommunikation erlernt. Von Nutzen waren mir dabei meine gottgegebene Hellsichtigkeit und Sensibilität für Tiere. Ich habe dieses Wissen zusammengetragen und mit Informationen aus spirituellen Quellen ergänzt, um eine möglichst kompakte und tiefgründige Tierkommunikationsausbildung für die Sunrise Schule zu konzipieren.

Anhang B –
Unterstützer der Tierkommunikation:
Engel, geistige Führer, Kraft- und Übersetzertiere

Da ich auch als Channeling- und Lichtarbeiterin meine Mitmenschen unterstütze und außerdem die Kabbala unterrichte, die sich wie kaum ein Weisheitssystem mit den Engeln und Lichtwesen beschäftigt, ist es mir ein Anliegen, Ihnen die passenden Engel und Meister für die Arbeit mit Tieren vorzustellen.

Sie können sich diese Wesen zur Unterstützung bei der Kommunikation herbeirufen, denn sie helfen Ihnen bei speziellen Problemen und verstärken die Kommunikation.

Was sind Engel?
Engel sind Lichtwesen, die lange vor der Zeit des alten Testaments, welches die Grundlage für das Judentum, den Islam und das Christentum bildet, in Inschriften und Überlieferungen aus Babylon und Sumer Erwähnung fanden.

Der Begriff »Engel« entstammt dem Sanskrit: *Angiras* bedeutet »göttlicher Geist«. Das persische Wort *angaros* bezeichnet einen Boten Gottes. Die Hebräer übernahmen ihre Idee der Engel von den Persern und Babyloniern während ihrer dortigen Gefangenschaft.

Die beiden im Alten Testament erwähnten Engel, Michael und Gabriel, entstammen ursprünglich der persischen Mythologie. Der Engel Raphael wird im Buch Tobias erwähnt.

Um dieses Buch in einem überschaubaren Rahmen zu halten, werde ich die Beschreibung der Engel hier etwas limitieren. Engel sind direkte *Emanationen*, also Ausdrucksformen von Gott, die bestimmte Energien in verschiedene Universen bringen.

Als direkter Ausdruck von Gott wurden ihnen die Namen Seraphin, Cherubin und Erzengel gegeben. Dies sind sozusagen die drei Engelgruppen, die ineinandergreifend arbeiten und zusammen Gottes Ausdruck in allen Welten sind. Sie sind formlos, repräsentieren das reine Ursprungspotential Gottes und übertragen den Willen Gottes in seine Manifestation.

Eine weitere Engelgruppe, die Elohim, werden auch Gottes Kinder oder Gottes Schöpfung genannt. Es wirken zwölf Elohim (Schöpfungsstrahlen/Schöpfungsgötter) in allen Universen, aber nur sieben davon in unserem. Unter dem Licht jedes Elohim entstehen die verschiedenen Engelwelten und die Schöpfung, wie wir sie kennen.

Diese Schöpfungsengel werden in alten Schriften auch als *Nephilim* oder *Annunaki* bezeichnet und haben sich zu einem bestimmten Zeitpunkt mit den Menschen verbunden. Diesen Zeitpunkt kennen wir als die Vertreibung aus dem Paradies oder den Untergang von Atlantis oder einfach gesagt als *Abtrennung*.

Mit dieser Abtrennung haben die Menschen das Gefühl für das Einssein mit der Schöpfung, also auch den Tieren, verloren. Es wurde ein Abstand zu Gott geschaffen. Diese Abtrennung oder diesen Abstand haben die Lebewesen auch untereinander vollzogen, und so war es möglich, dass die Menschen nichts mehr für die Tiere empfunden haben und wir unsere Freunde auf den täglichen Speiseplan setzen konnten.

Die Elohim brachten auf ihrer Ebene Sonne und Mond, die Erde, Tiere und die verschiedenen Geistwesen hervor. Die Schöpfungsgeschichte (Genesis) beschreibt ihr Wirken. Jedes erschaffene Wesen hat einen Engel, der die jeweilige Entwicklung begleitet.

Generell sind die Erzengel unsere Ansprechpartner auf der Erde. Wir haben die Möglichkeit, zu den von den Elohim geschaffenen Erzengeln Kontakt aufzunehmen und mit ihnen zu wachsen. Diese Erzengelebene ist übrigens auch jene, die von den meisten Medien gechannelt wird. Die Erzengel sind sehr hilfreiche und hochschwingende Engelwesen, haben aber mit denen der hohen Schöpfungsebene nichts zu tun. Zu diesen können nur sehr wenige Menschen direkten Kontakt aufnehmen.

Erzengel, die Sie für die Tierarbeit um Hilfe bitten können, sind:
- Chamuel, um Ihre Kommunikation zu verbessern
- Raphael, um die Heilung eines Tieres oder dessen Übergang zu unterstützen
- Michael, um Schutz, z. B. für eine Operation oder Reise mit dem Tier, zu erbitten, auch bei energetischen Angriffen (Belastungen, negative Wesenheiten)
- Gabriel, der den Willen Gottes für Ihr Tier zum Ausdruck bringt
- Uriel, um die Seele eines Tieres zurück zu Gott zu führen und es zu erlösen
- Zadkiel, um göttliche Gnade für sich und ein Tier zu erwirken
- Jophiel, um ein Tier bei Schwangerschaft und Genesung zu unterstützen. Bei Einsamkeit und Trauer bringt er die Tiere wieder in Kontakt mit der Schönheit Gottes.

Sie können jeden dieser Engel um Hilfe und Unterstützung bitten und brauchen keine Scheu davor zu haben, wenn Sie dies tun. Es wird mit Sicherheit keine donnernde

Lichtgestalt in Ihr Wohnzimmer einschweben, weil weder Sie noch ein Tier die direkte Energie eines solchen Wesens gut vertragen würden. Es wäre schlichtweg zu viel Licht für unsere grobstofflichen Körper. Erzengel haben, wie alle hohen Lichtwesen, unterstellte Engel, die für sie wirken und bei der Anrufung erscheinen.

Je höher die Schwingung eines Menschen ist, desto mehr kommt er mit den direkt gerufenen Engelwesen in Kontakt.

Natürlich hat Ihr Hund ebenso seinen persönlichen Schutzengel mit auf den Weg bekommen. Jedes Wesen, das in einer Inkarnation die Erde betritt, hat einen oder mehrere Engel, die ihm zur Seite gestellt sind. Auch ein Huhn in der Schlachtung hat ein Engelwesen, das ihm hilft, diesen Augenblick zu überstehen.

Wo befindet sich der Schutzengel? Wenn Ihr Tier vor Ihnen steht und Sie anblickt, ist der Schutzengel auf der linken Seite des Tieres zu sehen. Also von Ihrem Hund aus gesehen, auf seiner rechten Schulterseite.

Sollten Sie eine Rute oder einen Tensor besitzen, können Sie das Energiefeld dieses Engels sogar abfragen. Je mehr ein Wesen bewussten Kontakt zu diesen göttlichen Helfern pflegt, desto näher können diese herankommen und desto stärker können sie uns Unterstützung und Halt geben.

Im Energiefeld vieler Menschen sehe ich den Schutzengel auf Distanz und in einer abwartenden Position, manchmal hat der Engel sich sogar leicht abgewendet. Dies ist der Fall, wenn ein Mensch die Schöpfung in Frage stellt und das Licht Gottes nicht anerkennt.

Diese beschriebene Situation habe ich bei Tieren noch nie beobachten können. Sie befinden sich immer im Kontakt mit ihren Engeln und schätzen diese sehr.

Mit auf den Weg bekommen wir nur einen Engel, den eben erwähnten Schutzengel, es ist aber jederzeit möglich, dass sich noch viel mehr schützende Engelwesen um ein Tier oder einen Menschen herum befinden und sich um dessen Wohlergehen bemühen.

Je bewusster ein Wesen mit den Engeln umgeht und diese in sein tägliches Leben einbezieht, desto mehr Engelwesen begleiten es. Dies gilt auch für Tiere, die eine besondere spirituelle oder heilende Aufgabe in ihrem Leben haben.

Tiere geistig höher entwickelter Menschen haben meiner Erfahrung nach mehrere Engelwesen um sich, die alle verschiedene notwendige Aufgaben um das Tier wahrnehmen. Jeder einzelne Engel tröstet und gibt einem Tier Hoffnung.

Die geistigen Führer Ihres Hundes

Diese Wesen können im Gegensatz zu den Engeln aus unterschiedlichen Ebenen kommen und begleiten ein Wesen, Tier wie Mensch, immer nur ein Stück seines Lebensweges. Sie sind für bestimmte Erfahrungen und Entwicklungsschritte zuständig und befinden sich auf der rechten Seite eines Wesens, also auf der linken Körperseite Ihres Hundes.

Diese Führer begleiten Heilungen oder Geburten. Sie sind dafür da, die jeweils benötigten Energien in die Aura des Wesens einzuschleusen und das Bewusstsein zu erweitern.

Ein geistiger Führer kann ein sehr hohes Lichtwesen oder ein spiritueller Meister sein. Ihr Hund kann Sananda (Jesus) als seinen Führer bei sich haben oder den weiblichen Aspekt Buddhas, Kwan Yin, um Mitgefühl zu erlernen. Der begleitende Meister kann aber durchaus auch ein sehr positives menschliches Seelenwesen sein, das noch im Energiefeld der Erde geblieben ist, um anderen Wesen zu helfen.

Es können sich ein oder mehrere Führer um ein Lebewesen befinden, je nach den Aufgaben des Wesens. In der Aura der Tiere ergibt dies oft ein sehr amüsantes Bild, denn die geistigen Führer entsprechen oft der Größe eines Menschen oder eines riesigen Engelwesens.

Menschen können, im Unterschied zu Tieren, auch sehr zweideutige bis dunkle Wesen als Führer in ihr Energiefeld ziehen. Ich wünsche mir, dass die Menschen aufhören zu glauben, dass dunkle Wesen dumm sind oder sofort erkennbar. Sie sind es nicht, und auch unter ihnen finden sich hohe Intelligenzen. Ein sehr dunkles Engelwesen ist beispielsweise der gefallene Engel des Lichts, Samael. Wir kennen ihn auch als das Wesen mit Hörnern und Pferdefuß, etwas Umsicht ist also geboten, speziell wenn Sie Lichtwesen zur Hilfe bei der Arbeit mit Tieren rufen.

Wenn Sie entspannt, voller Licht und Ruhe sind, sind dies gute Voraussetzungen für eine positive Kommunikation und Lichtarbeit, die Ihrem Tier zugutekommen soll.

Krafttiere

Eine weitere Art der Licht- oder Energiewesen, die wir für die Tierkommunikation und -heilung zur Unterstützung rufen können, sind die Krafttiere. Krafttiere werden in Gesprächen über die Tierkommunikation oft als Übersetzertiere bezeichnet, was aber nicht richtig ist. Auf die Übersetzertiere werde ich später genauer eingehen.

Ein Krafttier ist eine Elementarenergie, ein Wesen, das sich im geistigen Bereich anstelle des realen Tieres zeigt, um die Energie einer Tierart zu versinnbildlichen. Jedes Krafttier repräsentiert jeweils ein Energiefeld der Erde und einen Teil der Schöpfung. Demzufolge kann ein Krafttier als jede bekannte Tierart erscheinen.

Wir können mit den Krafttieren über eine Meditation bewussten Kontakt aufnehmen und sie um Hilfe bei bestimmten Aufgaben bitten. Sie verleihen uns liebevoll und stark die Kraft des Elements, für das sie stehen.

In unseren Breitengraden ist der Begriff Krafttiere durch indianische Lehrer bekannt geworden, die mittlerweile in Europa lehren und deren Bücher ins Deutsche übersetzt werden. Mit einem Krafttier zu arbeiten heißt, sich hinzugeben, an die Kraft des Tieres zu glauben und dessen Instinkte und Energien wirken zu lassen. Wir können sie für die Tierkommunikation rufen, arbeiten aber besser mit den Übersetzertieren.

Trotzdem möchte ich anbei einige Krafttiere anführen, die Ihnen bei dem Kontakt mit Ihrem Hund hilfreich zur Seite stehen können. Sie können sie einfach vor der Kommunikation um ihre Hilfe bitten und ihnen erlauben, zu erscheinen.

Krafttiere lieben materielle Opfergaben, wie einen schönen Stein oder das Abbrennen eines Räucherstäbchens. Dadurch verstärken Sie die Energie des Krafttieres.

Eine gute Maßnahme, um im Alltag die Energie eines Krafttieres besser spüren zu können, ist das Tragen eines zugeordneten Steines, der Sie mit dem Krafttier verbinden kann. Um mit einem Krafttier ständig in Kontakt zu sein, können Sie mit dem Element des Krafttieres Ihre Räume schmücken. Eine Feder repräsentiert das Element Luft, eine Muschel steht für das Element Wasser, eine Hand voll Erde oder ein Stein repräsentiert das Element Erde, während Asche oder Tabak für das Element Feuer steht.

Der Rabe

Der Rabe verbindet uns mit der Kraft der Einweihung, Intelligenz und Magie. Er steht für das magische Potential und überbringt die Botschaft, dass es Zeit ist, sich für die Kommunikation mit Tieren zu öffnen.

Element: Luft, Feuer, Erde
Edelstein: Bernstein, Onyx

Der Fuchs

Dieses Krafttier hilft, die neu gewonnene Liebe zur Tierkommunikation mit Vorsicht umzusetzen und andere Menschen mit Ihren Glaubensmustern nicht vor den Kopf zu stoßen.

Element: Feuer, Luft, Erde
Edelstein: Citrin, Chalcedon

Der Luchs

Er erweckt schlafendes geistiges Potential und fördert Sie unabhängig von der Meinung anderer, den Weg der Tierkommunikation zu gehen.

Element: Licht, Erde, Luft
Edelstein: Bernstein

Der Puma

Er gibt Ausdauer und beschleunigt die Öffnung der Kommunikationskanäle. Sie können ihn rufen, um alte Blockaden endlich zu lösen.

Element: Luft, Feuer, Äther
Edelstein: Türkis, Gold

Der Löwe

Er gibt den Weg zur inneren Kraft frei und verleiht Autorität, Selbstvertrauen und Kraft, um die Sprache der

Tiere zu erlernen.
Element: Feuer, Erde
Edelstein: Gold

Der Bär
Dieses Wesen gibt Ihnen Mut, Stärke und Schutz auf dem
Weg zur Tierkommunikation. Der Bär leitet und führt Sie
und repräsentiert den kosmischen Vater.
Element: Erde, Feuer
Edelstein: Heliotrop, Beryll

**Übersetzertiere, die bei der Tierkommunikation
helfen**
Der Unterschied zu den oben aufgeführten Krafttieren ist,
dass es sich bei den Übersetzertieren um Tiere handelt,
die nur auf der geistigen Ebene existieren. Es sind Wesen
aus der Energieebene der Tiere, die sich für Ihre persönliche Kommunikation mit den Tieren zur Verfügung gestellt haben.

Ein Übersetzertier kann jeder Tierart angehören und
Sie können mehrere Wesen zur Unterstützung rufen. Diese Wesen werden Sie Zeit Ihres irdischen Lebens nicht
verlassen, und wenn Sie das Sprechen mit Tieren für eine
Weile nicht aktiv ausüben, werden diese geistigen Tiere
dennoch mit Ihnen sein. Sie begeben sich dann in eine
Art Schlafmodus und werden erst bei Bedarf wieder aktiv.

Da es sich um reine Geistwesen handelt, die zwar aus
der Ebene der Tiere stammen, aber im Grunde reine
Energie sind, formt sich diese Energie zu der Tiergestalt,
die wir am meisten akzeptieren können oder brauchen.
Persönlich arbeite ich nicht mit diesen Tieren, da man sie
nur benötigt, wenn der Kommunikationskanal nicht sonderlich stark ist.

Da ich Ihnen Ihr Übersetzertier nicht vorenthalten will, finden Sie hier eine Anleitung zur Kontaktaufnahme. Haben Sie dieses Tier einmal kennen gelernt, können Sie es immer hinzuziehen. Wenn sich Ihr Kommunikationskanal stärkt, werden Sie das Übersetzertier nicht mehr so stark wahrnehmen können. Es befindet sich dann aber immer noch in ihrem Energiefeld.

Übung zur Kontaktaufnahme mit dem eigenen Übersetzertier

Reinigen Sie Ihre Räume und begeben Sie sich in einen meditativen Zustand. Atmen Sie in Ihr Herz und entspannen Sie. Wenn Sie ruhig und gleichmäßig atmen, stellen Sie sich einen hellen Korridor mit vielen Türen links und rechts vor, an denen Sie entlanglaufen.

Öffnen Sie die dritte Tür auf der rechten Seite und betreten Sie den Raum, der von hellgoldenem Licht erfüllt ist. Atmen Sie tief ein.

Wenn Sie in Gedanken die Augen öffnen, befindet sich in einer Ecke des Raumes Ihr Übersetzertier. Begegnen Sie ihm mit Liebe und Freude. Fragen Sie es nach seinem Namen und danach, ob es für Sie als Übersetzertier arbeiten möchte. Wenn es bejaht, bitten Sie es, mit Ihnen zu gehen, und verlassen Sie den Raum.

Sie können vorher noch einige Minuten die Energie und das Licht in dem hellgoldenen Raum aufnehmen und genießen. Lassen Sie zu, dass Ihr Tier Ihnen auf den Flur folgt und dann verschwindet. Laufen Sie eine Weile in Gedanken weiter und öffnen Sie dann dankbar für diesen Kontakt Ihre Augen.

Sollten Sie kein Tier in dem Raum wahrnehmen können oder sollte das Tier die Frage, ob es mit Ihnen arbeiten möchte, verneinen, dann bedanken Sie sich und verlassen allein den Raum. Kommen Sie wie oben beschrieben zurück. Sie sollten dann nicht traurig sein. Vielleicht sind Sie noch nicht bereit für ein Übersetzertier. Möglicherweise brauchen Sie auch keines.

Anhang C –
Heilmethoden für Ihren Hund

Das Besondere an alternativen Heilmethoden ist, dass Sie als Behandelnder nicht nur heilen, sondern auch geheilt werden. Bei der Anwendung folgender Heilverfahren bei Ihrem Hund ist es möglich, durch das Spüren von Energie mehr Kraft zu erlangen.

Wenn Sie die Heilungserfolge an Ihrem Hund beobachten, werden Sie immer mehr an alternative Heilmethoden glauben. Sie beginnen sich selbst neu zu spüren und bekommen immer mehr Vertrauen in Ihre eigenen Fähigkeiten. Dadurch lernen Sie Ihren inneren Kern kennen und spüren auch schneller, wenn Sie aus dem Gleichgewicht geraten. Sie beginnen auch, ein Unwohlsein Ihres Tieres mit einem bestimmten Zwischenfall oder einer eigenen Stimmung in Zusammenhang zu bringen. Alle Tiere, besonders der eigene Hund, freuen sich, wenn ein Mensch diesen Punkt der Erkenntnis erlangt hat.

Bioresonanz

Die Bioresonanz ist wie die Radionik eine Therapieform, die als energetisches Behandlungsverfahren gilt. Auch hier geht man davon aus, dass die Körperzellen elektromagnetische Signale abgeben, die ihrerseits im Gewebe Schwingungen erzeugen und so das gesamte Körpersystem beeinflussen. Der Ansatz der Bioresonanztherapie ist es, diese elektromagnetischen Schwingungen von Tieren und Menschen zu erfassen und in ein spezielles Therapiegerät zu leiten, wo harmonische und disharmonische Schwingungen getrennt werden. Dieses Gerät löscht dann die krankhaften Schwingungen bzw. wandelt sie in harmonische um und sendet sie zurück an den Körper, der daraufhin seine Regulations- und Selbstheilungskräfte wieder aktivieren kann.

Bei Hunden kann die Bioresonanztherapie besonders gut zur Behandlung von Allergien, Atemwegserkrankungen, Autoimmunkrankheiten und zur Krebsbehandlung eingesetzt werden.

Jesusenergie

Sananda hat mir diese Energie als Werkzeug zur Heilung unserer Herzen und zur Hingabe an das Leben übermittelt. Es fällt uns Menschen damit leichter in dieser Inkarnation zu leben. Dieses Gefühl können wir auch an unsere Tiere weitergeben und somit auch sie glücklicher machen.

Die Jesusenergie ist besonders hilfreich für Hunde, die einen Besitzerwechsel hinter sich gebracht, ihre Welpen oder Lebenspartner verloren haben oder deren Menschen in einer schwierigen Lebensphase stecken.

Divine Healing

Die Heilenergie von Divine Healing wird durch eine Einweihung übertragen und kann an Tieren, Menschen und sich selbst angewendet werden.

Anders als Reiki oder Magnified Healing ist Divine Healing keine neuzeitliche Erfindung, sondern ein Zugang zu einer sehr alten Heilenergie. Mit der Einweihung lernen Sie das Auflösen von negativen Emotionen, Blockaden und Schmerzen und potenzieren die Eigenenergie eines Wesens um ein Vielfaches mit Licht. Sie können damit sich und Ihrem Hund bei Blockaden, psychischen und physischen Problemen Hilfe und Heilung geben.

Entlastung und Entgiftung

Da ich hervorragende Ergebnisse mit Entgiftungen bei Hunden erzielt habe, möchte ich Sie hier auf das Buch von Hulda Clark, »Heilung ist möglich« (siehe Literaturhinweise), verweisen.

Bei einer Entgiftung wird das gesamte Körpersystem entlastet, indem Schadstoffe wie Bakterien, Pilze und Viren ausgeleitet werden. Der Verdauungstrakt arbeitet besser und das gesamte Zellsystem wird verjüngt und kann so optimal seine Arbeit erledigen.

Für einen Hund ist das Entgiften eine unangenehme Prozedur, da die verordneten pflanzlichen Lösungen selbst für Menschennasen unangenehm riechen.

Gegen Krankheiten wie Krebs und sonstige Zellveränderungen kann man sein Tier mit einer Entgiftung vorbeugend schützen.

Farb- und Klangtherapie

Aus ayurvedischen und alten persischen Texten wissen wir, dass Klang eine heilende Wirkung auf unser Wesen hat. Er kann harmonisieren und die Atmung beruhigen. Eine entspannte Atmung lockert die Muskulatur und die Organe können wieder mit Energie versorgt werden.

Dass Tiere sehr gut auf Farbschwingungen reagieren, beweist sowohl das Aura-Soma-System als auch die Arbeit mit Heilsteinen. Fehlt der Aura eines Wesens eine bestimmte Farbe, so fehlt ihm auch eine bestimmte Energie. Führt man dem Energiefeld nun die fehlende Farbe über Heilsteine oder Farblichttherapie zu, so kann sich das System wieder selbst harmonisieren und heilen.

Für Hunde ist das Abspielen von leiser klassischer Musik, bevorzugt Mozart oder Johann Strauß, von beruhigender Wirkung. Ich kenne allerdings auch Hunde, die den »Bolero« von Ravel lieben, oder etwas depressive Hundeseelen, die sich zu Rachmaninow hingezogen fühlen. Am besten erproben Sie selbst, was Ihr Hund gerne mag.

Die Behandlung mit Farben setzen Sie am besten mit Aura Soma oder einer Farblichtlampe mit verschiedenen Filtern um. (Vorsicht! Das Tier nie allein unter der Lampe lassen, besonders dann nicht, wenn es sich nicht bewegen kann!)

Heil- oder Edelsteintherapie

Steine werden von jeher zur Heilung eingesetzt. Ob als Wärmespeicher unter dem Körper oder als Edelsteine, die mit ihrer jeweiligen kristallinen Struktur und Farbschwingung wirken.

Sie können, je nach ausgesuchtem Stein, eine Essenz für Ihren Hund einsetzen oder den Stein einfach neben das Tier auf den Schlafplatz legen. Die Energie der Steine gibt dem Energiefeld Ihres Hundes die Information, sich je nach Schwingung des Steines zu harmonisieren und auf Heilung auszurichten. Heilsteine können mit Magnified Healing oder Reiki kombiniert werden und sind praktisch unbegrenzt einsetzbar. Wichtig ist hierbei, den jeweils richtigen Stein für das psychische oder physische Problem Ihres Hundes auszusuchen und den Stein vor der Behandlung mit violettem Licht zu reinigen. Auch wenn Sie einen Stein für ein anderes Wesen verwenden, sollten Sie ihn zuvor energetisch reinigen. Steine können irgendwann ihren Speicher überfüllen und die gespeicherten negativen Informationen wieder abgeben. Um dies zu vermeiden, ist eine Reinigung sehr wichtig.

Den jeweils passenden Heilstein sollten Sie über ein Fachbuch (siehe Literaturhinweise) aussuchen oder selbst für Ihren Hund pendeln. Bitte beachten Sie, dass nicht

jeder Stein für die Herstellung einer Essenz geeignet ist,
da viele Steine im Wasser auch giftige Bestandteile lösen,
wie z. B. der Malachit.

Liebe

Für diese heilende Kraft benötigen wir keine Einweihung
oder Voraussetzung. Sie ist in uns im Überfluss und kann
weitergegeben werden.

Liebe ist die wohl stärkste aller Heilkräfte. Sie ist immer
vorhanden und kann jederzeit wirkungsvoll zum Ausdruck gebracht werden. Sie kostet Hingabe und Aufmerksamkeit. Ihre Wirkungsweise ist unbegrenzt.

Radionik

Die Radionik basiert auf der Idee, dass der kranke, fehl-
informierte Körper Ihres Hundes sich mit der richtigen
positiven Information selbst heilen kann.

Zur Analyse der fehlerhaften Informationen im Körper
werden einige Haare, ein Blutstropfen oder ein Foto benötigt. Mittels der Schwingungen des Tieres, die über diese
Objekte transportiert werden, ist es auch möglich, eine
Ferndiagnose zu erstellen.

Mit Hilfe der von der klassischen Veterinärmedizin
kaum beachteten Radionik kann festgestellt werden, ob
über die Ernährung, Lebensweise oder Schocks lebensab-
bauende Informationen vom Bewusstsein Ihres Tieres in
dessen Körper geleitet wurden. Da eine Krankheit zunächst im Aurabereich, also in der energetischen Ebene,
entsteht, kann diese von der Radionik bereits während
deren Entstehung in der Aura (und somit noch bevor sie
sich im Körper manifestiert) festgestellt werden.

Da alle Systeme eines Lebewesens wie ein riesiger
Computer miteinander verbunden sind, fließen positive

wie negative Informationen durch alle Ebenen: Körper, Seele und Geist. Über die Radionik werden ganzheitlich positive und lebensaufbauende Informationen in den Körper gespeist. Dies geschieht mit Hilfe eines Radionikgerätes, bei dem jede Schwingung einem Zahlenwert entspricht. Diese Zahlen werden in das Energiefeld des Tieres (oder in das Foto des Tieres) oder in das Futter bzw. das Trinkwasser eingespielt. Dort senden sie heilende Impulse aus.

Die Radionik hat sich in den letzten Jahren immer mehr durchgesetzt, da sie einfach zu erlernen und zudem kostengünstig ist. Sie wird auf Menschen, Tiere, Pflanzen und sogar auf Bauernhöfen und in Gärtnereien angewendet.

Ich halte die Radionik für eine gute, wenn auch etwas »simple« Methode, um einen Organismus zu behandeln. Für Hundefreunde ist sie einfach zu erlernen und zu Hause gut als Begleittherapie für Krebsbehandlungen, Nierenschwäche etc. einsetzbar. Außerdem gewinnt der Behandelnde bezüglich Schwingungen an Feinfühligkeit.

Reiki

Reiki steht für universelle (rei) Lebensenergie (ki) und erfreut sich seit einigen Jahren immer größerer Beliebtheit. Alle Lebewesen bestehen aus Energie, und wenn deren Energiehaushalt auf energetischer oder körperlicher Ebene gestört ist, ist es nur natürlich, das jeweilige System über die Gabe von Energie wieder zu harmonisieren und die Selbstheilungskräfte zu aktivieren.

Reiki wird durch eine Einweihung in dem jeweiligen Grad auf den Behandelnden übertragen und kann von diesem an Menschen und Tiere weitergegeben werden. Reiki braucht Zeit und so sind die Sitzungen mit dem eigenen Tier auch immer das Bestärken einer tiefen Verbindung. Hunde lieben die Nähe und das gemeinsame Erleben einer Reiki-Behandlung.

Schüßler-Salze

Die Schüßler-Salze, benannt nach dem deutschen Arzt Dr. Wilhelm Heinrich Schüßler, beruhen auf einem einfachen, aber wirksamen Heilungsgedanken, der auch unseren Hunden zugute kommt. Dr. Schüßler hatte erkannt, dass eine Vielzahl von Erkrankungen mit einem gestörten Mineralstoffhaushalt der Zellen zusammenhängt. Hilft man dem Mineralstoffhaushalt mit der Verabreichung von Schüßler-Salzen, sich selbst zu harmonisieren, so kann eine Vielzahl von Hundekrankheiten wie Hautprobleme, Durchfall oder Sehschwächen geheilt werden.

Mineralsalze sind Bestandteile der Zellen und für ihre fehlerfreie Funktion unerlässlich. Fehlen diese Salze, so kommt es zu Störungen der Zellfunktionen. Häufig gelangen die von Mensch und Tier mit der Nahrung aufgenommenen Mineralsalze nicht dorthin, wo sie gebraucht werden. Die zwölf Schüßler-Salze sind so aufgebaut, dass sie für die Körperzellen optimal zugänglich sind. Die chemischen Abläufe im Körper werden angeregt und die Zellen können sich regenerieren. Da die zwölf Salze wesentliche Funktionen im tierischen und menschlichen Organismus erfüllen, werden sie auch Funktionsmittel genannt.

Die Anwendung der Salze für Tiere wird immer beliebter, da sie nahezu ohne Risiko in Form von kleinen geschmacksneutralen Tabletten unter das Futter gemischt werden können. Bei Hunden habe ich sehr gute Erfolge bei Hautproblemen, Tumoren und schlechten Zähnen und Knochen mit der Gabe der Tabletten erzielt. Auch der Zustand des Nervensystems der Hunde hat sich meist gebessert. Sie wurden merklich ruhiger.

Besonders kann ich zur Gabe von Schüßler-Salzen bei
Fundtieren und Hunden mit Mangelerscheinungen raten.
Man verabreicht je nach Gewicht zwei bis vier Tabletten
jedes Salzes pro Tag an zwei aufeinanderfolgenden Ta-
gen. Sie sollten die Salze in einer D6-Potenz bestellen.
Konsultieren Sie bitte Ihren Tierarzt, wenn Ihr Hund
Nierenprobleme hat.

Folgende Salze kann ich besonders empfehlen:

Calium fluoratum D6	Bindegewebe, Haut, Sehnen
Calcium phosphoricum D6	Knochen, Zähne
Ferrum phosphoricum D6	Immunsystem
Kalium phosphoricum D6	Nerven, Psyche
Natrium phosphoricum D6	Stoffwechsel
Calcium sulfuricum D6	Gelenke

Bei der Gabe von einzelnen Funktionsmitteln ist es sinnvoll, bei einer Kur von vier bis sechs Wochen Dauer zwei
bis vier Tabletten täglich mit dem Futter zu vermischen.
    Pro Kilo Körpergewicht geben Sie 1/2 Tablette. Dosie-
ren Sie im Zweifelsfall immer niedriger.

TCM – traditionelle chinesische Medizin
Die TCM stützt sich auf über 2000 Jahre alte Erfahrungen und basiert auf der taoistischen Lebensphilosophie.
Diese konzentriert sich unter anderem in der Heilung auf
den Gedanken von Yin und Yang, also Energien, die ein
dynamisches Gleichgewicht bilden. Ein Organismus wird
dann krank, wenn dieses Gleichgewicht gestört ist. Die
Lebensenergie, chinesisch »Qi« genannt, befindet sich in

einem ständigen Fluss, sie hält den Stoffwechsel und den energetischen Kreislauf aufrecht. Diese Energie wird durch Ernährung, Atmung, Lebensweise und Umweltenergien gespeist.

Ist ein Hund gesund, so sind seine Organfunktionen in Harmonie, sie arbeiten kräftig und ungestört. Eine Krankheit ist in der TCM auf eine Störung des Qi zurückzuführen. Die Therapie mit chinesischen Kräutern und Akupunktur bilden die Grundlage der traditionellen chinesischen Medizin. Die speziellen Heilkräuter lösen tiefgreifende Heilprozesse im Körper aus, die Anwendung von Akupunktur unterstützt diesen Prozess.

In der TCM spielen die fünf Elemente Holz, Erde, Wasser, Metall und Feuer eine wichtige Rolle. Sie werden bestimmten Organen im Körper des Tieres zugeordnet und gliedern sich in Yin und Yang. Die zwölf Meridiane (Energiebahnen), die den Körper durchziehen, sind wiederum den fünf Elementen zugeordnet.

Die Tierheilung mit Hilfe der TCM ist in der westlichen Welt noch weitgehend unbekannt. Der Grund liegt darin, dass ein Studium der TCM sehr umfassend ist und eine jahrelange Lehrzeit erfordert. Außerdem sind nur wenige Menschen dazu bereit, den ganzheitlichen Weg dieser Heilmöglichkeit für ihr Tier in Anspruch zu nehmen. Nur wenige Veterinärmediziner arbeiten in der Praxis mit der TCM, weil diese Therapie oft kostenaufwendig ist und viel Fachwissen erfordert.

Ich habe ausgezeichnete Erfahrungen mit diesem Heilsystem bei Tieren und insbesondere bei Hunden gemacht und kann den Schritt zur Anwendung der TCM nur empfehlen. Mein einziger Kritikpunkt ist die Verwendung von tierischen Bestandteilen, was in Europa aber kaum praktiziert wird.

Anhang D –
Die Notfallapotheke für Hunde

Meine persönliche Notfallapotheke, die Rescue-Box, die Sie auch für andere Tiere benutzen können, setzt sich aus nachfolgenden Komponenten zusammen:

Aura-Soma-Balance-Öle
Eine Farbtherapie für Körper, Seele und Geist.

Die Schockflasche – Balanceflasche Nr. 26
Bei allen Notfällen – wie körperlichen und seelischen Schocks – auf der linken Seite des Körpers wie einen Streifen auftragen, vorher gut schütteln. Dieses Öl hilft Ihrem Tier, aus dem Schockzustand herauszukommen.

Achtung: Für einen kleinen Hund kann der Biss eines anderen Hundes oder ein Besitzerwechsel ein enormer Schock bedeuten. Alle Schockzustände, die nicht auskuriert werden, kommen in späteren Jahren meist in Form von Verhaltensstörungen an die Oberfläche.

Bei Unfällen und Verletzungen kann dieses Öl sehr gut genutzt werden. Sie sollten es nie direkt auf eine offene Wunde auftragen.

Erzengel Raphael – Balanceflasche Nr. 96
Diese Flasche bringt mit ihrem tiefen Blau Frieden und Heilung in das Energiefeld ein. Sie kann sehr gut um den Kopfbereich bis hin zum Hals und den Schultern aufgetragen werden. Die Augen werden dabei ausgespart.

Erzengel Raphael repräsentiert Heilung und unterstützt bei Übergängen. Bei Schmerzen wirkt das Öl kühlend und lindernd. Ich liebe diese Aura-Soma-Flasche und habe sie oft einfach in die Nähe von Welpen und kleinen Tieren gestellt, um eine starke Verbesserung ihres jeweiligen Zustands zu erreichen.

Die körperliche Notfallflasche – Das Balance-Öl Nr. 1
Dieses Öl hilft sehr gut bei Schmerzen und aktiviert die körpereigenen Kräfte. Es hilft Ihrem Hund einen klaren Kopf zu behalten und trotz seiner Leiden zu entspannen. Aufzutragen ist es im Kopfbereich, aber auch an den jeweiligen Schmerzpunkten des Hundes.

Aura-Soma-Pomander
Pomander sind feine Essenzen, die Sie aus einer kleinen Flasche auf Ihr linkes Handgelenk (Puls) tropfen und in die Aura des Tieres einfächern. Die Pomander ziehen das Energiefeld zusammen und helfen dem Tier, sich mit der jeweiligen Pomander-Energie auszubalancieren.

Deep Red
Für meine Rescue-Box habe ich den Pomander Deep Red (tiefrot) ausgewählt.

Er hilft Ihrem Hund, sich zu schützen, sei es bei einem Besuch beim Tierarzt oder wenn Sie selbst keine klaren Energien mit sich bringen.

Verreiben Sie wenige Tropfen auf Ihrem linken Handgelenk, fächern Sie den Pomander um Ihren Hund herum und wiederholen Sie das Ritual anschließend bei sich selbst.

In frühen Jahren habe ich die tiefroten Aura-Soma-Produkte bei großen Seminaren benutzt, indem ich die Fläschchen einfach in meiner Handtasche ließ. Sie waren hinterher ohne Rotanteil, was bedeutet, dass die Energie und der Schutz aus der Flasche gezogen und in meinem Energiefeld verbraucht wurden.

Bachblüten

Bei den Bachblüten handelt es sich um feine pflanzliche Essenzen, die von Dr. Edward Bach weiterverarbeitet wurden. Nach dem homöopathischen Grundsatz »Gleiches heilt Gleiches« hat Dr. Bach die Energien der Pflanzen gewonnen, die den Heilimpuls eines Wesens verstärken und somit heilen können. Mittlerweile arbeite ich mit mehr als 200 Essenzen in der Praxis, für die Rescue-Box empfehle ich die *Notfalltropfen* von Dr. Bach.

Anwendung: In Notfällen seelischen wie körperlichen Ursprungs jede Stunde zwei Tropfen auf die haarlosen Stellen in den Ohren oder auf die Zunge geben. Bei emotionalen Verletzungen können auch stündlich fünf Tropfen auf das Herzchakra gegeben werden.

Achtung: Diese Blütenmischung ist nicht zur Dauergabe gedacht, sondern wirklich eine Notfallmischung. Für eine längere und spezifische Therapie sollten Sie eine Mischung erstellen, die genau auf die Bedürfnisse Ihres Hundes abgestimmt ist. Sie können drei bis fünf Tropfen der originalen Bachblütenessenz in eine 30-ml-Flasche mit Wasser (am besten gefiltertes Wasser verwenden) geben. Sie sollten hierbei beachten, dass Sie nicht mehr als drei Essenzen in einer Flasche für ein Tier mischen sollten.

Sie können diese Mischung bis zu vier Wochen geben. Sollte das Wasser jedoch kippen bzw. früher verschmutzen, so setzen Sie einfach die gleiche Mischung erneut an und beenden damit die Therapie.

Wenn Sie nur mit einer Essenz therapieren möchten, geben Sie einen bis drei Tropfen pro Tag von der unverdünnten Essenz auf die Pfoten.

Am einfachsten gibt man Bachblüten in einer Dosierung von einem bis drei Tropfen auf die Pfoten des Hundes oder über die Nase. Dort werden diese sicher fein säuberlich weggeleckt. In den Wassernapf dosieren Sie je nach Stärke bis zu sechs Tropfen der Verdünnung.

Hilfreiche Bachblütenessenzen für Hunde und wobei sie helfen können:

Aspen	Angst vor dem Unbekannten
Beech	Mangelnde Toleranz
Centaury	Exzessive Unterwerfung
Larch	Mangelndes Selbstvertrauen
Mimulus	Angst vor dem Bekannten
Rock Rose	Therapiert den Terroristen in Ihrem Hund
Star of Bethlehem	Schock
Vervain	Überenthusiasmus
Vine	Dominanz oder Aggression
Water Violet	Zurückhaltung
Willow	Innerer Groll

Homöopathie

Diese Heilmethode beruht auf dem Grundsatz »Gleiches heilt Gleiches« und wurde in der Neuzeit von Samuel Hahnemann wiederentdeckt.

Die ursprünglichen Wirkstoffe sind in der späteren Verreibung (einem speziellen Verfahren der Verarbeitung der Heilstoffe, welches von Hahnemann entwickelt wurde) fast nicht mehr vorhanden. Das bedeutet, je höher eine Potenz (die Wirkkraft), desto weniger des Inhaltsstoffes befindet sich in der eigentlichen Gabe und umso mehr wirkt die Dosierung auf die Seele.

Beispielsweise kann die Heilpflanze Arnika in hoher Dosierung (Reinform) eine Art Schock und Erstarren auslösen, hilft jedoch in der homöopathischen Dosierung, genau diesen Zustand zu lösen. Für Tiere empfehle ich als eine Allround-Potenz die D12-Gabe.

Was den Bereich der Homöopathika betrifft, so empfehle ich den Besuch beim Tierheilpraktiker oder Tierhomöopathen, da eine falsche Gabe oder Dosierung auch negative Folgen für Ihren Hund haben kann. Normalerweise sieht eine Standarddosierung für die erwähnten Mittel in *Globuli* (Milchzuckerkügelchen, die mit einem sehr feinen Wirkstoff benetzt sind. Dieser ist so hochschwingend, dass er als tatsächlicher Stoff nicht mehr nachzuweisen ist.) folgendermaßen aus: Dreimal drei Globuli täglich werden zehn Tage lang direkt in das Maul, am besten in die Backentaschen, gegeben.

Die folgenden Mittel haben sich als Praxisfavoriten herauskristallisiert:

Arnica D12
Bei körperlichen wie seelischen Schockzuständen. Auch vor Operationen oder nach Verletzungen.

Belladonna D12
Neben Euphrasia *das* Augenmittel schlechthin. Bei Entzündungen im Augenbereich, aber auch bei Insektenstichen.

Euphrasia D12
Als homöopathische Augentropfen in ihrer Wirkung unschlagbar. Übersetzt bedeutet Euphrasia *Augentrost*, und

diesem Versprechen steht es in seiner Wirkung in nichts nach.

Hypericum D12
Bei überängstlichen Tieren, die in stillen Momenten einen Hang zur Traurigkeit haben. Ansonsten ist der Hypericum-Typ eher fahrig und unruhig und kann sich äußeren Einflüssen gegenüber nur schwer abgrenzen.

Ignatia D12
Für Tiere, die immer noch den Anschluss an die Mutter suchen und die nicht ausgelebte Beziehung ihres Welpenalters nicht beenden wollen.

Staphisagria D12
Bei Trennung und Einschnitten seelischer wie körperlicher Natur. Es kann sich dabei um die Trennung vor dem Urlaub oder den Abschied von der Hundemutter handeln. Auch eine Kastration ist eine Trennung!

Sulfur D12
Ein beliebtes Mittel bei Kontaktproblemen und Hautreizungen. Es zeigt an, dass ein Hund wenig Energie in der eigenen Aura hat und deshalb alles direkt spürt (Aggressivität).

Kolloidales Silber
Hierbei handelt es sich um ein sehr wirksames natürliches Antibiotikum, das vielfach eingesetzt werden kann. Es besteht aus elektrisch geladenen Silberteilchen, die in Wasser gelöst wurden. Kolloide sind die kleinsten Teilchen, in die Materie zerlegt werden kann, ohne dass sie ihre Eigenschaften verliert. Diese gelösten kleinsten Silberteil-

chen »schweben« in destilliertem Wasser und verbinden sich im Körper mit Bakterien, Viren, Pilzen und Entzündungsherden.

Sie stellen diese Verbindung her, indem sie Enzyme binden, die sich von den Bakterien, Pilzen etc. ernähren. Durch die Bindung der Enzyme an die Silberteilchen werden die Schadstoffe einfach ausgeschwemmt. Die positive Wirkung dieses Mittels wurde mir von vielen Tierhaltern bestätigt.

Anwendung: Einen Teelöffel (unbedingt einen Kunststofflöffel verwenden!) in einem Liter Wasser lösen und über den Tag verteilt trinken lassen. Diese Dosierung über sieben Tage beibehalten und dann drei Wochen lang einen halben Teelöffel in derselben Wassermenge lösen und geben. Zur äußerlichen Anwendung mit einem Wattepad auftragen.

Kolloidales Silber ist ideal für die Behandlung von geruchsempfindlichen Hunden, da es praktisch geruch- und geschmacklos ist.

Achtung: Weder das kolloidale Silber noch die verdünnte Lösung mit Metall in Berührung bringen, da es sonst reagiert.

Des Weiteren sollten Sie folgende Hilfsmittel immer in Ihrer Rescue-Box bereitstellen:

- Eine Thermodecke, wie wir sie aus dem Notfallkoffer im Auto her kennen. Sie hilft, den verletzten Tierkörper zu kühlen oder warm zu halten.
- Eine jodfreie Desinfektionslösung zur Erstversorgung von Wunden. Ich kann die Desinfektionstücher von Hansaplast empfehlen. Sie sind einzeln verpackt und lassen sich als kleine Tücher immer mitführen.
- Ein steriler Verband

Sollten Sie die Rescue-Box nicht selbst zusammenstellen können, finden Sie eine Bezugsadresse im Anhang.

Anhang E –
Häufig gestellte Fragen zu Hunden

Wie fühlt sich ein Tierheimhund?

Die meisten dieser Tiere stehen mit einem Teil ihres Bewusstseins noch unter Schock. Auch wenn der Vorbesitzer gut mit ihnen umgegangen ist, kommen die wenigsten Hunde mit der Situation in einem Heim zurecht. Sie brauchen viel Zeit und Liebe, um wieder Vertrauen zu fassen und »anzukommen«. Diese Hunde möchten Glauben und Vertrauen finden.

Der Hund geht immer davon aus, dass die Abgabe an ein Tierheim eine Art Bestrafung ist. Er denkt, er hätte etwas Böses angestellt. Ohne Vorwarnung verliert das Tier seinen Halt und Lebensrhythmus. Über die Tierkommunikation können Sie erfahren, was die Seele Ihres Hundes braucht, um geheilt zu werden.

Wie empfindet ein Hund einen Besitzerwechsel?

Für viele Hunde ist ein Besitzerwechsel nicht so dramatisch, wie wir vielleicht denken. Vorausgesetzt, sie landen nicht in einem Heim und der neue Platz ist mindestens genauso liebevoll und spannend wie der alte. Hunde haben mir immer wieder gesagt, dass sie Veränderung lieben, wenn sich dadurch etwas in ihrem Leben verbessert.

Wie empfindet ein Hund die Tierkommunikation?

Die meisten Hunde sind wenig überrascht. Es ist eher ein Gefühl der Faszination und Freude, sich endlich mitteilen zu können. Sie können allerdings nicht verstehen, warum es sich über einen Fremden und nicht durch den eigenen

Menschen einstellt. Dennoch wird der Tierkommunikator als hilfreicher Freund, manchmal als »Retter« akzeptiert.

Wie empfindet der Hund eine Impfung?

Den meisten Hunden geht es nach einer Impfung sehr schlecht und sie wollen schlafen. Sie zeigen es vielleicht nicht, aber Übelkeit, Schwäche und Müdigkeit sind fast immer Folgen einer Impfung. Eine Aufteilung der Impfung in zwei Gaben mildert die Nebenwirkungen. Sie können auch naturheilkundlich ausleiten und so das Energiesystem des Hundes unterstützen.

Wie sehen Hunde Katzen, Menschen und andere Wesen?

An sich haben Hunde kein Problem damit, mit Katzen, Kaninchen oder anderen Haustieren zusammenzuleben. Voraussetzung hierfür ist die richtige Erziehung und der frühe Umgang mit anderen Tieren ab dem Welpenalter. Selbst Hunde mit ausgeprägtem Jagdtrieb können durch frühe Eingewöhnung das Vorhandensein von anderen Haustieren als normal empfinden. Eine sterilisierte Hündin kann zur aufopfernden Adoptivmutter für andere Tiere werden.

Träumen Hunde wirklich?

Hunde senden im Traum genauso Bilder wie in den Wachphasen. Sie arbeiten ihr tägliches Erleben auf und bauen im Schlaf Spannung ab. Speziell nachts werden belastende Energien vom Besitzer »verdaut« und losgelassen.

Wie empfindet ein Hund die Sterilisation/Kastration?

Die meisten Tiere haben noch lange nach dem Eingriff

Schmerzen und verspüren ein Ziehen. Nur weil sie nicht jammern, bedeutet das nicht, dass sie keine Schmerzen haben. Der Hund hat keine Ahnung, was geschieht, und erwacht mit einem Schock über sein fehlendes Organ.

Den Eingriff sollten Sie abhängig von der Rasse und dem Temperament Ihres Hundes vornehmen lassen. Viele Tierärzte neigen dazu, den Hundehaltern zu erzählen, dass Sterilisation die Hündin davor schützen könnte, Zysten und Eierstockkrebs zu bekommen. Sie können statt einer Präventivoperation zur Ultraschalluntersuchung gehen. Solange Ihr Hund gesund ist, nicht zu triebhaft ist und auf Ihre Kommandos hört, rate ich davon ab, ihn zu kastrieren oder zu sterilisieren.

Vor einer Sterilisation/Kastration empfiehlt sich folgende Hilfe für das Tier:
– 1 Woche vorab: Bachblüten Notfalltropfen, je nach Größe des Hundes 3 x 1 bis 3 x 3 Tropfen auf die Zunge oder Stirn.
– 1 Tag vorab: 2 x $^1/_2$ Tablette (Traumeel).
– Am Tag des Eingriffs: Arnica in D12.
Bitte sprechen Sie die individuelle Behandlung mit Ihrem Tierheilpraltiker/Tierarzt ab.

Wirken Bachblüten bei Hunden?
Bei Hunden wirken Blütenessenzen im Gegensatz zu Katzen immer noch gut.

Hunde haben den Drang, sich für ihren Menschen zu öffnen. Die Liebe und Absicht, mit denen die Tropfen gegeben werden, sind ebenso wichtig wie die Auswahl. Häufig sind Essenzen wie australische Buschblüten oder Spagyrik intensiver.

Die passende Blütenessenz für Ihren Hund stellt Ihnen auch gerne unser Versand (siehe Anhang) zusammen.

Kann mein Hund Gedanken lesen?

Ihr Hund kennt Ihre Gedanken. Was nicht bedeutet, dass diese ihn sonderlich beeindrucken oder er ihnen Folge leistet. Er reagiert darauf, wo es in seinem Hundeleben wichtig ist.

Kann jeder Hund telepathisch kommunizieren?

Ja. Jeder Hund ist zur telepathischen Kontaktaufnahme fähig.

Glossar

Aufstieg beginnt mit dem spirituellen Erwachen eines Menschen. Das Endziel ist absolutes Bewusstsein und der Gleichklang mit der eigenen Seele. Tiere befinden sich nicht im Aufstieg, da sie immer bewusst sind. Sie erfahren sich auch durch unsere spirituelle Entwicklung und sammeln so Erfahrungen.

Aura ist eigentlich die Summe der sieben feinstofflichen Körper, die einen physischen Körper umgeben. Diese sieben Körper oder Schichten bilden das energetische Körpersystem, das durch Prana gespeist wird und Tiere und Menschen mit Energie versorgt.

Chakra ist ein feinstoffliches Energiezentrum, das sich aus vielen feinen Energiekanälen, den Nadis, zusammensetzt. Diese Nadis verteilen die Energie rechtsdrehend (lebensaufbauend) in den verschiedenen Auraschichten.

Chi ist universelle Lebensenergie, auch Prana genannt. Sie versorgt das Kronenchakra, welches wiederum den Pranakanal und über dessen Chakren die Auraschichten mit Energie versorgt.

Dimensionen sind Ebenen der Existenz, die unabhängig von Zeit und Raum und unserem Planeten sind. Tiere und Menschen existieren in unterschiedlichen Dimensionen.

Divine Healing ist eine sehr hochschwingende Heilenergie, die sehr effizient und zielgerichtet an Mensch und Tier weitergegeben werden kann. Divine Healing wurde das erste Mal um 600 n. Chr. in Jerusalem von einem Rabbiner gechannelt. Im Laufe der Jahrhunderte wurde diese Energie in verschiedenen Formen in Asien und Europa und Südamerika gechannelt und angewendet. Die Quelle für Divine Healing liegt im gleichen Lichtbereich wie die Quelle für verschiedene indische und südamerikanische Heilenergien. Divine Healing ist durch seine Klarheit sehr leicht aufzunehmen und kann dadurch sehr gut weitergegeben werden.

Engel sind in allen Kulturen bekannt und haben ihren geschichtlichen Ursprung im Nahen Osten. Dort hat man diese ausschließlich feinstofflichen Wesen als Vorboten Gottes auf Erden verehrt und noch immer sind sie die direkte Verbindung zu unserem Schöpfer. Es gibt viele tausend Engelwelten, die von den sieben Erzengeln und deren Schöpferwesen, den sieben Elohim oder Schöpfungsstrahlen regiert werden. Auch die Tiere, Pflanzen und Steine sind, wie in der Genesis beschrieben, von diesen Wesen erschaffen worden. Engel sind nicht an eine Religion gebunden. Der Erzengel, dem die Kommunikation mit Tieren untersteht, ist Uriel.

Energiearbeit
siehe Lichtarbeit

Energetischer Kreislauf – Hier wirken die »hermetischen Gesetze«. Vereinfacht: Innen entspricht außen, oben unten und der Mikrokosmos dem Makrokosmos. Diese Gleichnisse sind auch aus der Physik bekannt. Ein gutes Beispiel dafür ist die Zusammenstellung von Molekülen, Atomen, Neutronen und Protonen und deren Abbildungen im Makrokosmos als Planeten, Sonnensysteme und Galaxien.

Feinstoffliche Wirkungsweisen
siehe energetischer Kreislauf

Fremdenergie bezeichnet eine negative Energieansammlung, die von unterschiedlicher Intelligenz sein kann. Fremdenergien sind für Tiere und Menschen belastend und können zu Krankheiten führen.

Geistige Führer sind feinstoffliche Wesen, die ein Tier oder einen Menschen auf einem Teil seines Lebensweges als Ratgeber begleiten. Welcher Führer einem Wesen zuteil wird, hängt von seiner spirituellen Entwicklung und seinem Bewusstsein ab.

Gott auch Schöpfer, Allah oder Jehova genannt. Nicht personifizierter Ursprung allen Lebens.

Heilung bezeichnet die Einswerdung mit unserem perfekten Muster, der Seele. Heilung findet immer seelisch wie körperlich statt und schließt Tiere und Menschen ein.

Hohes Selbst bezeichnet das Überbewusstsein, das als Vermittler zwischen dem auf der Erde inkarnierten Wesen und der Seele steht.

Indigokinder sind die Kinder des neuen Zeitalters. Fälschlicherweise wird oft behauptet, diese mit einer besonders hohen Energie inkarnierten Wesen gäbe es erst seit 1984. Im alchemistischen Verständnis der Aura ist diese Färbung seit über 400 Jahren bekannt und bezeichnet ein starkes mentales Feld in der Aura, das sich in einem Indigofarbton zeigt.

Karma stammt aus dem Sankrit: Karman = Wirken. Unter Karma, also der Tat, wird ein spirituelles Konzept verstanden, wonach jede Handlung – physisch wie geistig – unweigerlich eine Folge hat. Diese muss nicht unbedingt im aktuellen Leben wirksam werden, sondern kann sich möglicherweise erst in einem der nächsten Leben manifestieren.

Lichtarbeit bezeichnet die bewusste spirituelle Arbeit an sich selbst und der Umwelt. Meditationen, Heiltechniken und Bewusstwerdung unterstützen diesen Prozess.

Lichtheilung
Alle energetischen Heilweisen wirken als Lichtheilweisen.

Magnified Healing ist eine Lichtheiltechnik, die 1992 von der Meisterin Kwan Yin den Menschen übermittelt wurde. Es handelt sich um eine sehr wirkungsvolle Heiltechnik, die deutlich intensiver und schneller als z. B. Reiki wirkt. Sie ist zur energetischen Behandlung von Tieren ideal. Stärker als Magnified Healing wirkt Divine Healing.

Prana siehe Chi

Pranakanal ist identisch mit der Wirbelsäule und existiert im feinstofflichen Bereich. Die vom Pranakanal abgehenden Chakren versorgen die Aura mit Energie.

Reading
Bei einem Reading nimmt der Tierkommunikator, mit Hilfe eines Fotos von dem Tier, Kontakt auf. Auf diese Weise muss das Tier nicht vor Ort sein.

Reiki bezeichnet auf geistigem Weg empfangene Heilenergie, die zur Unterstützung und Heilung von Tieren und Menschen gegeben werden kann.

Überseele
Als Überseele werden die Höheren Seelenanteile bezeichnet. Die inkarnierte Seele setzt sich aus vielen verschiedenen Seelenanteilen zusammen, so wird die bestmögliche Entwicklung eines Wesens gesichert. Der Hauptseelenanteil bleibt indes von Leben zu Leben gleich.

Schwingung kann hoch (positiv) oder niedrig (negativ) sein. Je höher etwas »schwingt«, desto lichter, spirituell entwickelter ist es. Die höchste Schwingung wird durch Gott dargestellt.

Literaturhinweise

Aura-Soma. Heilung durch Farbe, Pflanzen und Edelsteinenergie, Irene Danlichov, Mike Booth
(ISBN 3426870320)

Der kleine Tierarzt. Praktischer Gesundheitsratgeber für Hunde und Katzen, Josef Binzegger, Dr. med. vet.
(ISBN 3000046682)
Ein praktischer Ratgeber für Hunde- und Katzenhalter mit viel anatomischem Hintergrundwissen
Kontakt zum Autor: Früebergstrasse 8 – CH 6340 Baar – Schweiz

Heilung ist möglich. Eine revolutionäre Technik zur Behandlung chronischer Erkrankungen, Hulda Clark
(ISBN 3426870185)
Eine revolutionäre Technik zur Behandlung chronischer Erkrankungen. Dieses Buch kann ich als Hintergrundwissen zur Entstehung von Krebs bei Tieren empfehlen.

Krafttiere begleiten Dein Leben, Jeanne Ruland
(ISBN 3897671484)
Eines der wenigen guten Bücher mit einer Vielzahl von Krafttieren aus allen Teilen der Welt.

White Eagle Medizin-Rad. Indianische Weisheit als Lebensweg, Wa-Na-Nee-Che, Eliana Harvey, Dennis Renault
(ISBN 3762605564)
Ich empfehle dieses Kartenset als Reise zu den Krafttieren, um die Heilung von Tieren und Menschen zu verstärken.

Kontakt für Fragen, Readings und Ausbildungen

Für Tiere: info@tiermedium.de / www.tiermedium.de

Für Menschen: info@sunriseschule.de / www.sunriseschule.de

Postadresse: Die Sunrise Schule – Postfach 20 17 46 – 20207 Hamburg

Telefonzentrale: Die Sunrise Schule Hamburg
Telefon: +49 40 88150899
Das Büro ist täglich von 9 bis 10. 30 Uhr und von 19. 30 bis 20 Uhr besetzt. Hier können Sie auch unsere Übungs-CDs zum Preis von 22,– Euro + Versand bestellen.

Die Sunrise Schulen
Hier haben Sie die Möglichkeit, Workshops zu besuchen oder selbst eine Ausbildung zum Tierkommunikator oder Tierlichtheiler zu absolvieren. Weiterhin bieten wir ein umfangreiches Programm im Bereich der Heilung, Spirituelle Fortbildung und Reisen an.

Das Master-Teacher-Programm
Dieses Programm wurde für alle ausgebildeten Tierkommunikatoren und Tierlichtheiler der Sunrise Schulen konzipiert. Ziel dieser Ausbildung ist es, den Absolventen der Sunrise Schulen die Möglichkeit und Fähigkeit zu vermitteln, selbstständig Schulungen durchzuführen und Schüler auszubilden. Nicole Schöfmann-Sabeti hat sich in den letzten Jahren als erfolgreichste Tierkommunikatorin/Lichtheilerin auf dem deutschen Markt bewiesen. Zufriedene Kunden, geheilte Tiere und die ständige Präsenz in Fernsehen, Radio und Zeitungen haben erheblich zum Wachstum der Sunrise Schulen beigetragen. Seit August 2005 ist nun auf vielfachem Wunsch eine Zusammenarbeit durch das Master-Teacher-Programm möglich. Genaue Informationen können unter dem oben angeführten Kontakt bezogen werden.

Bezugsquellen
Kolloidales Silber, die Rescue-Box sowie feinsten Weihrauch zum energetischen Reinigen sind über das Büro der Sunrise Schule oder unseren Versand unter: info@sunrise-shop.com / www.sunrise-shop.com / Tel: 03461 342 454 zu beziehen.

Gesundes Hundefutter können Sie bei folgenden Anbietern beziehen:

Waseba Sebastian/Walter GdbR
Prof.-Dillinger-Weg 65 – D-67098 Bad Dürkheim
Telefon: +49 6322 987298 / Fax: +49 6322 980153
E-Mail: mail@waseba.com / Website: www.waseba.de

Yarrah Organic Pet Food BV
Postbus 448 – 3840 AK Harderwijk – Niederlande
Telefon: +31 341 439850 / Fax: +31 341 439870
E-Mail: info@yarrah.com / Website: www.yarrah.de

Tierschutzorganisationen

WSPA Welt-Tierschutzgesellschaft e.V.
Kaiserstraße 22 – D-53113 Bonn
Telefon: +49 228 956 34 55 / Fax: +49 228 956 34 54
E-Mail: info@wspa.de / Website: www.wspa.de

VIER PFOTEN – Stiftung für Tierschutz
Altonaer Straße 57 – D-20357 Hamburg
Telefon: +49 40 399 249 0 / Fax: +49 40 399 249 99
E-Mail: office@vier-pfoten.de / Website: www.vierpfoten.de

Canine Cancer Awareness
PO BOX 2011 – Skowhegan, ME 04976
E-Mail: ccancerawareness@ad.com
Website: www.caninecancerawareness.org
Ein Verein der mir sehr am Herzen liegt. CCA sammelt Spenden für die ganzheitliche veterinärmedizinische Behandlung von Hunden mit Krebserkrankungen, deren Halter ihre Tiere aus finanziellen Gründen nicht therapieren können.

Animals' Angels e.V.
Rehlingstraße 16 A – D-79100 Freiburg
Telefon: +49 761 70436 0 / Fax: +49 761 70436 29
E-Mail: info@animals-angels.de / Website: www.animals-angels.de
Die Animals' Angels begleiten seit 1999 in fünfzehn Teams Tiertransporte durch Europa, um Rastzeiten, Wasserversorgung und Berücksichtigung der Tierwünsche zu gewährleisten.

»Hände für Pfoten« e.V. – Tierschutz- und Naturerlebnishof
Marienstraße 12 – D-25585 Lützenwestedt
Telefon: 040 550 1225

Sie können auch Informationen zu dem Tierhilfsprojekt der Sunrise Schulen anfordern.

Im Dialog mit der Seele

Horst Krohne fragt nicht, warum wir krank werden, sondern wie wir gesund werden können. Das von ihm in diesem Buch dargelegte Prinzip der Geistheilung beruht auf der Vorstellung, dass durch geistige Beeinflussung und Unterstützung der Patient sein körpereigenes Energiefeld wieder in den gesunden Urzustand zurück versetzen kann. Im Mittelpunkt stehen dabei Krohnes Erfahrungen mit dem Chakra-System, zu dem er in diesem Buch die erstaunlichen Behandlungsergebnisse der letzten fünf Jahre verarbeitet.

Die Selbstanwendung der Energetischen Medizin

UWE ALBRECHT
Heilapotheke
Werde Dein eigener Heiler
316 Karten,
€ [D] 29,99
€ [A] 30,90, sFr 49,90
ISBN 978-3-7934-2212-9

Inner Wise® ist ein einzigartiges neues System der energetischen Medizin, das hilft, die richtige Energie zur energetischen Balancierung zu finden und für den Selbstheilungsprozess zu aktivieren. Mit Hilfe der unter Anleitung der Testkarten gezogenen Heilsinfonie-Kärtchen lässt sich über einen Nummern-Code im Begleitbuch eine bestimmte Heilenergie finden. Diese Energie wird auf das beiliegende Amulett übertragen und entfaltet von dort im Sinne der energetischen Medizin ihre Wirkung. Das Amulett hat keine »magische« Bedeutung, sondern ist ein autosuggestiver Anker, wie er in verschiedenen Therapien Anwendung findet.